B1↓

↑28

↑32

情绪电梯

［美］拉里·森◎著　朱鸿飞◎译

B2↓

↑17

↑35

百花洲文艺出版社
BAIHUAZHOU LITERATURE AND ART PRESS

图书在版编目（CIP）数据

情绪电梯 /（美）拉里·森著；朱鸿飞译． — 南昌：
百花洲文艺出版社，2018.12
ISBN 978-7-5500-2975-0

Ⅰ．①情… Ⅱ．①拉… ②朱… Ⅲ．①情绪—自我控
制—通俗读物 Ⅳ．① B842.6-49

中国版本图书馆 CIP 数据核字（2018）第 196306 号

江西省版权局著作权版权登记号：14-2018-0147

Copyright 2017 by Larry Senn
Copyright licensed by Berrett-Koehler Publishers arranged with
Andrew Nurnberg Associates International Limited

情绪电梯
QINGXU DIANTI

[美] 拉里·森 著 朱鸿飞 译

策划编辑　郑　磊
责任编辑　李梦琦
装帧设计　刘红刚
出版发行　百花洲文艺出版社
社　　址　南昌市红谷滩新区世贸路 898 号博能中心一期 A 座 20 楼
邮　　编　330038
经　　销　全国新华书店
印　　刷　大厂回族自治县德诚印务有限公司
开　　本　880mm×1230mm 1/32
印　　张　7.75
版　　次　2019 年 5 月第 1 版第 1 次印刷
字　　数　100 千字
书　　号　ISBN 978-7-5500-2975-0
定　　价　45.00 元

赣版权登字 05-2018-348

邮购联系　0791-86895108
网　　址　http://www.bhzwy.com
图书若有印装错误，影响阅读，可向承印厂联系调换。

献给我的爱人贝尔纳黛特及我们的五个孩子凯文、达林、詹森、肯德拉和洛根。

你们让我保持一颗年轻的心，你们的爱和生活经验帮助我在生活的情绪电梯内上下自如。

B1↓

↑28

↑32

B2

↑17

　　我诚挚地邀请你和我一起探讨一个可以改变生活的概念：情绪电梯。

　　数年来，我一直在为本书做研究、收集材料，但因为忙碌的私人和职业生活，一直未能完成。我的森·德莱尼公司（Senn Delaney）隶属海德思哲国际咨询公司（Heidrick & Struggles）。一天，我们在异地召开了一次关于我司所有雇员个人目标的会议。我花了些时间反思自己希望如何影响世界，最终得出了结论，我的目标是"从我的家庭开始，让越来越多的人了解，并且激发他们活出情绪上、身体上和精神上的最佳状态"。

　　一旦清晰地表达出这个观点后，我知道自己需要完成这本书。我将与世界分享这些观点，把它看成实现那个生活目标的最佳方式。

差不多 40 年前，我创立了森·德莱尼公司，旨在通过系统地塑造组织文化，实现提升组织精神和组织表现的愿景。今天，公司已经成为举世公认最成功的文化咨询公司。在打造成功的组织文化的全部过程中，森·德莱尼公司运用了许多概念，情绪电梯即为其一。

森·德莱尼公司的客户遍布全世界，成千上万的雇员热情地接受了情绪电梯的概念。他们中的许多人希望更多地了解情绪电梯，并且将它与朋友和亲人分享。这本书既写给这些人，也写给那些可能是第一次通过本书了解情绪电梯的人。

本书中的许多概念已经在森·德莱尼公司的课程中传授给了客户，还有不少概念，包括那些关于健康、健身和健康生活的想法和建议，则来自我个人生活的感悟，并不代表森·德莱尼公司的观点或它与客户组织的合作内容。

我写《情绪电梯》的核心想法就是将我一生经历的感悟分享给大家，造福众人。希望本书能够帮助你们控制情绪，活出精彩人生。

拉里·森

目　录

B1↓

↑28

↑32

第一章

情绪电梯

B2↓

↑17

↑35

最鼓舞人心的事实莫过于，人无疑有能力靠主观努力提升生命价值……能影响生活品质的学问才是无上的学问。

——亨利·大卫·梭罗（Henry David Thoreau）

在生活中，不知道你可曾遇到过像我朋友约翰那样的人，我来给你说说他的故事吧。

在许多方面，约翰算是幸运的。他有个漂亮的妻子、两个聪明的孩子，在一家我们姑且称作顶好产品公司的市场部有一份有趣的工作。在许多人眼中，约翰的日子可谓风光无限。但在我们的故事开始时，他却感觉心烦意乱。这天他刚刚下班，离开顶好产品公司的办公室，像往常一样走在回家的路上，他突然决定去附近的公园待上一会儿，冷静冷静。

约翰的烦恼缘自几分钟前与一位名叫弗兰的同事的一番谈话。

"喂，约翰，"弗兰在他办公室门外探进头说，"听说关于明年经费的最新传言了吗？公司内部都传遍了。"

"啥也没听到。"约翰答道，"出了什么情况？"

"哦，只是传言而已，我听他们说，董事会在为这个季度的利润下滑而担忧。我听说他们在谈论裁员，你的部门可能也在削减之列。"

约翰感到胸口一阵发紧："真的？谁告诉你的？"

弗兰摇摇头答道："我不能说，而且那也许只是捕风捉影。不过我觉得你可能会想知道。"

"谢谢你，弗兰。"约翰说。

突然之间，他那个晚上的全部计划——和家人一起享受晚餐，然后在电视上看一场橄榄球赛——似乎变得完全微不足道。他带着满脑子的忧虑和担心离开了办公室。

约翰在公园的一张长凳上坐了几分钟，考虑他会不会丢掉工作和丢掉工作可能会带来的严重后果。要是找不到另一份工作，该如何是好？他的两个孩子还能上大学吗？会不会连房子都保不住？（一个邻居一年前失业，只得搬回去和父母同住）他的自尊心能承受解雇带来的打击吗？他该怎么把这个消息告诉妻子？苏茜是一个那么容易担惊受怕的人，也许她还会以为，他肯定是做错了什么事才被解雇的。说不定她还会想，要是当初嫁给前男友就好了——他现在不是大律师吗？谁还会怪她？她应该过上更好的生活，至少不是跟着个像我这样的失败者。约翰的情绪很快恶化，从焦虑迅速变成了担忧、沮丧。

接着他的思绪又回到顶好产品公司。他想起这么多年来付出的艰辛劳动和为公司所做出的贡献。那些头目是如何一步步把公司做到这步田地的？他们怎么确定裁员是解决问题的办法？他们做出这个决定是不是只顾及到高层人员自身的利益？我敢肯定那些身居高位的大佬不会少拿一分钱，更别提解雇了，约翰愤愤地想。他之前的沮丧变成了怨恨和对高层自以为是的愤怒。

这时他突然想起了弗兰的话："那也许只是捕风捉影。"这话也有道理，不是吗？这样的谣言以前在公司里也传过，最后却都成了无稽之谈。而且，弗兰一直都是闲话——不管真假——最早的传播者之一。想到这里，约翰的焦虑开始慢慢消散。他舒了一口气，告诉自己，也许根本就没那回事！

毕竟，一个季度的不良业绩算不了什么。我敢肯定公司利润很快就会回归正常，董事会大概也是这么想的。这样想着，他站起了身。

约翰漫步在公园中，他的思绪转到另一个方向。他告诉自己，也许，这个谣言其实是一记打醒我的当头棒。过去一年以来，我一直想鼓起勇气离开顶好公司，找个更好的工作，比如好友罗恩刚进入的那家高技术创业公司。现在也许正是时候。他开始想象新的职业生涯可能带给他的激动人心的变化：更高的薪水、更大的办公室，也许还有公司配车和乡村俱乐部会员资格。他想象自己带着新雇主发的大笔奖金回家时，苏茜脸上的钦佩表情，不由得心神激荡，甚至豪情满怀。他发誓一定要抓紧更新自己的简历——也许他今晚就会去做！

这时，约翰看到两个孩子，和他自己的孩子差不多大，在攀缘架上爬上爬下，他的心情顿时变得更轻松了。毕竟，他想，有一个心爱的家，那才是真正重要的，不是吗？于是，约翰步履轻快地离开了公园，一心盼着回家和妻儿享受一段快乐时光。至于顶好公司的那个传言，留到明天再说吧。那时他再跟亲近的同事打探打探，弄清楚到底是怎么回事。

你也许一辈子都不用面对那天下午让约翰心神不定的裁员谣言，但你一定经历过他那种情绪起伏。这是种常见的、几乎普遍的经历，尤其是在我们这个充满无法预测、无法控制变化和风险的世界。你也从故事中看到了，约翰的情绪起伏完全随着他的想法而定。正是我们的种种想法和情绪让我们坐上了生活里的"过山车"。

我把这种经历称作"乘坐情绪电梯"，但你也可以简单地称之为人的生存状态。它是我们时刻都在经历的生活体验，随着我们在各种情绪之间大幅摇摆，情绪电梯也带着我们上上下下。那些感觉在决定我们的生活质量及我们应对日常挑战的效率方面发挥着重要的作用。

我们每天都乘坐情绪电梯上上下下。因此，如果知道按哪些按钮可以让我们一直待在上层，岂不妙哉？如果知道如何让我们对低层的造访不那么不爽、时间不那么长，岂非大有裨益？本书的主要目的就是提供诀窍，帮你自如控制你的情绪电梯。

让我们先看看情绪电梯和它所到达的不同楼层吧。数百个组织和成千上万人参加了森·德莱尼公司和我们的客服所设计和主持的研讨会，情绪电梯图的基础框架就是他们提供的信息，也包含我自己个人的经历。实际上，每个人都有自己所独有的楼层，但图中显示的大部分楼层对你而言也许并不陌生，并且很有可能，你在生活中的某个时刻到过那些地方。

想想你自己乘坐情绪电梯的经历。先从你到达的较高楼层开始，那些就是我们心情轻松的若干瞬间、几个小时或是几天。在这些时刻，我们遇到的是生活中令人满意的事物，我们感觉安全、自信、才思泉涌。我们不易被外面的人或事所累，并且不大可能"为鸡毛蒜皮的小事担心"。我们有着强烈的好奇心，不吹毛求疵，倾向于看到事物美好的一面。我们轻松自如地应对生活中的挑战，感受到生命的自然流淌，甚至有能力用上普遍的人类智慧和知识。在这样的时刻，我们置身于"上行情绪电梯"，回想起这些时刻，我们的感觉很可能是满足和愉悦。

但我们每个人也都会有坐上"下行情绪电梯"的时刻。在这种时候，我们的生活似乎不那么美好，我们感觉不安、忧虑。我们心烦意乱，容易受外人和环境的干扰。我们可能会抱怨、怀有戒心，并且自以为是，我们也可能模模糊糊地感觉到低落、烦恼或抑郁。乘坐情绪电梯下行时，我们的情绪状态可以从消极、无精打采或失意到生气、愤恨、恐惧。

我将在本书中用情绪电梯作为人类各种体验的指导，它简单、直白，契合我对情绪改变方式的主观感受。当然，情绪电梯并非科学概念，它只是我个人生活中一个非常好用的工具，很多和我分享过它的人也都这么认为。

情绪电梯

感激

理智 / 深刻

想象力 / 创造力

机智

乐观

欣赏

耐心 / 谅解

幽默感

灵活 / 适应

好奇 / 兴趣

急躁 / 失意

烦恼 / 焦虑

担心 / 忧虑

戒备 / 不安

评判 / 责备

自以为是

压力 / 疲倦

愤怒 / 敌意

抑郁

要考虑情绪电梯和它在你生活中的作用，首先要问问自己以下几个问题：

▶ 作为我日常生活经历的一部分，我最熟悉的是哪几层？

▶ 哪几层最直接地表明了我的性情？那些最熟悉我的人通常会到哪些楼层去找我？

▶ 我在生活中愿意光顾的是哪几层？我不愿长驻的是哪几层？

▶ 在不顺利的日子里，我常常会被困在哪些楼层？

▶ 情绪开始低落时，我通常会跑到哪几层？

▶ 感觉精力充沛、才思泉涌和心情愉快的日子里，我会去哪几层？

每个人体验情绪电梯的方式各不相同。于我而言，处在个人情绪电梯最高层时，感激之情通常是这些时刻的标志。当我放慢脚步，放松下来并且丢开这一天的事务和压力时，我开始意识到对妻子贝尔纳黛特和膝下五个孩子的感激之情。当十几岁的儿子洛根或别的孩子拥抱我，对我说"我爱你，爸爸"时，或者当我停下来欣赏美丽的落日，看着它将天空涂满各种惊艳的色彩时，我的心中同样会涌上感激之情。

位于情绪电梯上层时，好事似乎都落到了我的头上。我会感觉到脑洞大开，想法和答案源源不绝，解决问题的方法似乎变得唾手可得。我体验到爱、希望、耐心和好奇的感觉，我的生活更加丰富，能够为家人、朋友和我所选择的终生事业付出更多的力量。

实际上，从位于情绪电梯高层的日子中所得到的愉悦正是驱使我写作本书的动机，并且也是它让我得以将那个愿望变为现实。当我位于某个低层时，创造性的想法便踪迹全无。我感到江郎才尽，想不出事例和故事来阐述我的观点，就算勉强能想出几个，看上去也是干巴巴的，于事无补。相比之下，在有些日子里，譬喻和意象则纷至沓来，似乎我连接上了一个比我自身更大的灵感和想法的源泉，连接上了某种普遍智慧和创造性思维的源泉，只要信手拈来即可。

乘坐情绪电梯下行时，一些信号会告诉我这一点。我学会了识别那些警告信号，其中之一就是注意到自己越来越不耐烦，越来越容易烦恼和焦虑。当我落向低层时，平时满不在乎或一笑置之的一个小麻烦、错误或误解似乎会惹来挥之不去的烦恼或怒火。

我敢肯定，你也能回想起自己在生活中乘坐情绪电梯的经历。大部分人都愿意长期停留在情绪上层过日子，这是人的天性使然。谁不想少操点心，让自己少点压力、少点烦恼、少点焦虑？谁不想体会更多感激、爱和轻松悠闲？谁不想体验更高程度的创造性、好奇心、适应能力和承受能力？

而且，生活在情绪高层的好处是长期持续和累积的。我们在上层待的时间越长，我们的生活就越好，因为在情绪电梯高层，我们的表现最好，思维最清晰，做出的选择最明智，工作最富有创造性。想一想，当你尝试打造或修复一份重要的私人关系时，当你与某个心爱的人讨论一个敏感问题时，当你在工作中处理一个复杂的问题时，当你做出生命中的一个重要决定时，你愿意停留在哪几层？

对我们大部分人而言，答案显而易见。情绪电梯高层会带来更大成功、更少压力，带来更良好的关系、更强的个人能力和更好的生活质量。无论你个人如何定义成功，无论哪些领域的成就和快乐对你最重要，情绪电梯高层都是催生、启动和建立职业生涯的好地方。

想象一下，如果你停留在情绪电梯高层的时间足够长，如果你知道如何将对低层不可避免的造访给自己和他人的负面影响降到最小，你的生活、工作和人际关系将会有多大的不同。

我和别人谈到情绪电梯时，几乎每个人都会立刻认识到这个概念，然而很少有人从这个方面去考虑他们的生活经历。这或许是因为他们觉得，情绪电梯是"生活本来的样子"，是人类存在的一个基本事实，我们无法改变它，因此思考它毫无意义。

毋庸置疑，我们所有人都会乘着情绪电梯上上下下，我们都曾经经历过大部分楼层。但我们在不同楼层度过的时间却大相径庭。你认不认识这样的人，他们似乎永远停留在标着"急躁失意""担心忧虑"和"评判责备"的楼层上？另一方面，你是否有幸认识那样的人，他们似乎经常住在写着"机智""乐观"和"耐心""谅解"的楼层？我们的选择可以对我们大部分时间停留在哪些楼层产生重大影响，反过来，那也会深刻影响到我们接触的人和我们生活的质量。

情绪电梯的话题还有很多可供探讨。不同楼层间的关系可谓错综复杂，从一层楼移到另一层楼有时会相当艰难。我们将在下面的章节中更深刻地探讨如何规划情绪电梯上的生活。

到目前为止，我们的关键结论是：本书的中心目的是提供一些技术，你可以应用它们增加你停留在情绪电梯上层的时间，减少情绪电梯在低层停留的时间和不良影响。我在以下章节中分享的原则已经让无数人得以在高层度过更多时间，相信你也能做到。

↑28

B1↓

↑32

第二章

什么在驱动情绪电梯

B2↓

↑17

↑35

成败由己……（作为）他自己思想的主人，人掌握着对付各种形势的关键。

——詹姆斯·爱伦（James Allen）

要想熟练驾驭情绪电梯，你需要理解的是什么在控制它。

驱动情绪电梯的是什么呢？载着我们上上下下的情绪来自何方？答案也许出乎你的意料，因为它既不明显，也非大部分人的想象，而仅仅了解这个答案就可以给你的生活带来巨大的影响。

一些情绪似乎像无法预料的天气一样让人不知所措，说来就来。我们早上起床，自觉情绪不佳，毫无来由地急躁易怒。我们常说的"我从起床起就一直心情不好"就是那类情绪的真实写照。

但许多情绪似乎有一个更明确的来源，一个明显的例子就是我们日常生活中发生的事件。表面上，我们感觉到的情绪来自我们身上发生的事情或是别人对我们说的话，想想我在第一章的故事里说到的朋友约翰。如果有人问起，约翰也许会说，他的情绪大起大落是与弗兰的谈话引起的，是她传出了顶好产品公司可能会裁员的谣言。大部分人相信他们的情绪是由外部环境引起的，这一点特别适用于将我们带到情绪电梯低层的负面情绪——一些我们不喜欢的事情发生了，或者某人做了某件"按下我们的按钮"的事情。

你可以想到许多例子：一个亲近的人对你的衣着或厨艺指手画脚，或者在你不厌其烦地为他们做了好事时也没有对你表示感谢；股市掉头向下，你的退休金亏掉了一大笔；你站上体重秤，却看到一个不愿看到的数字；孩子带回家的异性朋友身上穿的孔多到让你看不顺眼；你无意间闯了红灯，吃到一张巨额罚单；上司或同事错怪你，或者更糟，为你确实做错的事恰如其分地责怪你！我想，我这么一说，你该明白了吧。

我们每天——甚至每小时——都会遇到这样的考验，但它们并不能解释我们的情绪从何而来。毕竟，稍稍思考一下，你就会明白，一些情绪与外部事件并没有明显的联系，我们常常"没来由地"感觉好或坏。实际情况往往是，这些情绪最终影响到我们的行为和体验，而不是被其影响。在其他情况下，一些通常可能引发情绪变化的事件却并未影响到我们的情绪。

确实，有时候，爱人的一句批评可以让你的情绪一落千丈，引来对抗或怒火，但也有些时候，你会一笑置之，甚至回以戏谑、打趣，把双方都逗笑起来。有时候，股市大跌会带来忧虑或消沉，但另一些时候，它会迫使你去找你的财务顾问，计划一次早就该做的关于如何最好地重新平衡投资组合的谈话。有时候，上司的责备会引发敌意和怨恨，但有时候，你会把它当成一次机会，借此弄清如何才能改进你的工作方法，以免再犯同样的错误。

我们不是机械地对外部的刺激做出预测反应的机器人。我们是人，我们对环境的反应方式各不相同，这些方式不是取决于外部事件，而是取决于我们头脑中的所思所想。事件也许会激发我们的想法，但决定我们情绪的却是思维。

回头再想想我的那位朋友约翰。确实，弗兰的话引发了他感情上的剧烈变化，让他坐上情绪电梯飞速下降后又上升。

但电梯的每次转向都是由约翰脑子里的想法驱动的。首先，他回忆起为顶好产品公司付出的辛勤劳动，接着他又想象到好友罗恩的高新技术公司、继而步步高升成为主管的美好未来。约翰的故事表明，引发我们情绪的不是我们的生活境遇，而是我们对那些境遇的理解。事件及其导致的情绪之间决定性的变量是我们对它的理解——我们脑中的想法。

我们在每天的生活中都会看到这一真相。辛苦一天下来，你也许会感觉疲惫，对明天将要面对的一切茫然不知所措，想到今天还没有完成的事情，心情沮丧。接着你睡了一宿好觉，早上起来阳光灿烂，你去散会儿步，或者跑一圈，近乎奇迹般地发现生活原来如此美好。然后，你奔向新一天的工作，心中充满希望，随时准备应付各种挑战。

你的生活境遇没有丝毫变化。唯一改变的是你对它的想法。

同样的情况适用于我们最亲密的关系。我有五个孩子，年龄从 16 到 52 岁不等。三个大些的儿子现在已经四五十岁了，对于他们，我经历了养育子女的全部阶段，从换尿布的无数个不眠之夜，到教他们游泳、冲浪、滑水、骑越野摩托，到大学毕业典礼。差不多36年前，我经历了第二次婚姻。又过了好几年，贝尔纳黛特说想要开始一个全新的家庭。我55岁时有了肯德拉，65岁时有了洛根。孩子们之间的年龄跨度让洛根看上去像我的独子，因此我经常落到成为他的玩伴——从桨叶式冲浪到滑水到高空滑索。我也从早到晚观看俱乐部排球联赛，因为那是洛根喜欢的运动项目。

这一系列不寻常的经历使我催生了各种各样的想法，这些想法又可以将我置于有天壤之别的情绪电梯楼层。大部分周末或假日早晨，当洛根说"出发了，爸爸！"时，我会想起洛根给我的生活带来的灿烂阳光。因为他用一个孩子纯洁好奇的眼光去看这个世界，从而帮助我学习和成长。作为他的玩伴增加了我在健康方面的投入，这样我才能跟上他的节奏。对洛根的邀请，我通常的反应是大喊"落后的是坏蛋！"，然后带他开始一段快乐的追逐。

但时不时地，我的想法会走向另一个方向。有些周末或假期，我更想睡个好觉，放松放松，养精蓄锐，这时如果要我打起精神去狂野水世界，或者跳下怀梅阿湾的石壁，我就忍不住会想："这么老了还添个孩子，我脑子是不是进水了？！

我本来可以多眯会儿，或者躺在吊床上读喜欢的书，而不用把自己弄得筋疲力尽。"我发牢骚，翻身，拿被子蒙住头。当然这些通常都没什么用。

有什么变了吗？还是那个洛根，还是我选择的生活。真正起作用的是我对它的理解——我脑中的想法。是的，生活就是我们对它的看法。

你脑子里的电影

一段时间前，森·德莱尼公司雇用了一个叫黛博拉的咨询师。她之前在休斯敦一家公司工作，因为我们的咨询师经常要坐飞机去会见客户，他们可以自由选择地方居住，黛博拉选择住在休斯敦。

黛博拉进入公司开始培训后不久，我计划对休斯敦一家大型公用事业公司的 CEO 做一次推销拜访，我决定邀请黛博拉和我一起去。我当时想的是，参加会面可以让她有机会听到我们是如何向潜在客户展示自己的，这也许会给她带来些家门口的业务。

这是一次考虑不足，但用意良好的邀请。我根本没想到它会如何影响黛博拉的想法。

很久之后，黛博拉向我描述了当时她脑子里闪过的无数念头：

　　与新公司老板的一次推销访问？可是我还是个新员工，刚开始了解森·德莱尼公司。如果表现不好怎么办？我不是销售员，我是咨询师。如果我说了什么傻话呢？如果我妨碍了老板，让我们丢掉这笔生意呢？我会被炒鱿鱼的！那会是我履历上一个大大的污点。我冒险离开做了很久的工作，现在也回不去了。要是我找不到另一份工作怎么办？我家老大就上不了大学，我还会丢掉房子。

　　在控制自己胡思乱想之前，黛博拉想象出自己无家可归，住在高速公路旁边一个硬纸箱里的情景。

　　实际上，和客户的会面完全不是黛博拉担心的那个样子。三个人相谈甚欢，并且我们发现，黛博拉和那家公用事业公司的 CEO 去同一家教堂，还有一些共同的朋友。森·德莱尼公司顺利地拿到那份咨询合约，黛博拉得到在家乡开始新职业生涯的机会。后来，黛博拉和我谈到她陷入的那些可怕想法，顿时引来我们一阵开怀大笑。

　　但黛博拉的例子绝非个例。在生活中，我们都会解读发生或尚未发生的每件事，就像在脑海里拍电影一样编出关于它们后果的故事。无论什么想法，我们都把它看作真正的情绪和身体反应，就像好莱坞特效部门将想象变成视觉一样真实。因为我们的想象力，我们可以将同一件事延伸为一个喜剧或悲剧。

有时候，思考的力量甚至能让我们经历从未真正发生过的事件。你有没有因为你认为某人做过的某事大光其火，后来却发现他根本没做过那件事？你有没有曾经确信你的职位申请被拒绝或你被诊断出某种可怕的疾病，随后却发现那样恶劣的情况并未发生？你也许经历过一两天毫无必要的折磨，所有这些都是因为难以置信的思维能力。

多年前，在森·德莱尼公司考虑接受一家大公司的收购时，我们经历了一段员工情绪波动期，这些情绪变化的基础就是他们对交易完成时可能会发生的事件的设想。我们一半的雇员为合并可能会带来的额外机会（增加的销售渠道、更大的能力和有助我们更快增长的额外投资）感到激动。另一半人则认为我们会失去我们独特的企业文化，他们几乎如丧考妣，作为从他们"失去的"公司逃出的难民，他们在考虑更新简历，寻找新的工作。每个群体都在创作一部关于未来的电影，然后再对其做出反应，而所有这些都只不过基于他们脑子里的设想。

最终，交易并未发生，那些电影脚本一夜之间消失不见，代之以熟悉的现实。有趣的是，多年后，我们确实加入了一家大公司——海德思哲。但到那时，我们已经教会所有员工更好地理解思想的力量和情绪电梯。交易进行得颇为顺利，因为没有人再为想法驱动的情绪波动所累。

理解思想对情绪的影响力可以帮你控制你的反应，就像你在真正看电影时做的：你坐在黑暗的影院里，陷入剧情和悬念中；音乐响起，特效勾起你奔涌的肾上腺素——但在意识中，你知道它只是一部电影，你知道如果它变得太恐怖，你可以休息一下，买点爆米花；就算那是个悲剧故事，你也知道，电影结束时，你还是会回归正常生活。

当你学会以那种方式处理脑中的电影时，你的想法对你的影响力将开始下降。你永远不可能完全没有任何情绪，但明白想法是那些情绪的源泉，这一点可以让你更加超脱，可以帮你控制自己。要想学会乘坐情绪电梯向上，而不是在你无法控制的情绪力量面前感觉像个无助的受害者，这是很有力的第一步，也是你将在随后章节中学到的许多做法中的一个。

B1↓

↑28

↑32

第三章

情绪电梯上层：
巨大回报

B2↓

↑17

↑35

我思即我。思无私者，一言一行皆喜乐。无私者，喜乐如影随形。

——佛陀

我们在第二章中看到，在控制我们上下情绪电梯方面，想法发挥了重要作用。想法影响了我们体会到的从快乐到沮丧的所有感觉。理解想法创造出我们的情绪，这是控制情绪的第一步。

明白了想法控制情绪，我们可以与那些情绪保持一定距离。它帮助我们稍稍远离担心、恐惧和焦虑，我们也不大可能会在情绪驱使下做出对生活境遇和他人武断的评价。

这个认识是乘坐情绪电梯的第一个基本原则。它非常有用，无论是在你的个人生活方面，还是在你为所属组织做出贡献方面，它都可以给你带来——并且已经给成千上万人带来——一系列巨大的回报。

给个人的回报

理解了想法的力量，你得到的第一份回报便是更好的日常生活体验。当你不再为不理解和无法控制的情绪影响所累时，你会发现自己可以更好地享受生活，感觉到更多宁静和自由。但它的好处远不止于此。

学会控制情绪电梯还能帮你收获更成功的职业生涯、更高的工作成就感、更亲密的婚姻和更健康的人际关系。简而言之，它能帮助你在生活中收获更多成功，感觉更少压力。这是因为当我们置身情绪电梯上层时，我们会体验到更高质量的思考。我们的思路会更清晰、更专注、更有条理，而且更连贯。

想想最近一次，你感觉非常脆弱、困扰，或是极不耐烦、诸事不顺的时候。那也许是因为你没能赶上一次重要的会面，或者是因为努力想完成一个复杂的项目、处理一个超出你能力水平的紧急情况。

回想在这些情况下，你的想法是怎样的。它很可能非常散乱，没有中心。如果哪天早晨，我感觉到需要及时赶到会面地点的压力很大时，这时候正是我最可能忘记重要事情——如钥匙或电话——的时候，这也是我最有可能弄错看似简单的工作的时候。我胡思乱想，连回答或处理简单容易的问题都显得力不从心。同样的情况也会发生在我情绪过于亢奋或紧张的时候。

真相是，正如我们的想法驱动了情绪电梯一样，我们在情绪电梯的上下徘徊反过来也对我们的想法产生了深刻的影响。

乘坐情绪电梯下行时，我们会受累于低质量的思考。我们通常会钻牛角尖，在焦虑、动摇和困惑的驱使下，在同样的情绪和感觉间一遍遍兜圈子。我们的思维壅塞而杂乱，我们不再像平时那样理解我们周围的环境。我们与别人的想法格格不入，也没法协调我们对他们的影响。

相比之下，你有没有过这样的经历：你徒劳无益地与一个复杂的问题纠缠了半天，却发现当你不再理会它时，一个创造性的解决方案却出现在脑子里？当我们乘坐情绪电梯向上时，我们的思考质量也会提高。也许通过运动、散步或听音乐，我们在放松、脑子静下来、改变思考方式或摆脱焦虑时，这种事常常就会发生。甚至像打扫房间或修剪草坪这样的日常琐事都可以有所帮助。

实际上，一项研究报告发现，人们在沐浴时能想出更新鲜、更有创造性的想法！洗澡水的声音、节奏和温度阻隔了外部世界和我们的想法创造出的内部噪音，让我们宁静的大脑回归高质量的思考。当我们处于情绪电梯上层，拥有更高质量的思考时，我们就能调动大脑的全部能力。

在这样的时候，你也许会感觉你似乎"处于巅峰状态"。芝加哥大学心理学系前主任米哈里·契克森米哈赖（Mihaly Csikszentmihalyi）在他的《心流：最优体验心理学》（*Flow: The Psychology of Optimal Experience*）一书中描绘了这一现象。契克森米哈赖发现，所有人都会有"心流时刻"，这时他们会浑然忘我地沉浸在手头的工作中。在这些"心流时刻"，大脑异常清晰、富有创造力、才思如泉涌；对于正在处理的任何问题，他们总能找到正确的解决方法。这些积极的反应似乎水到渠成就会来到他们身边。

在反思自己的生活及思考别人告诉我的故事时，我有了重大发现："心流时刻"与人们在情绪电梯高层体验到的情绪紧密相连，这意味着它在我们的生活中不一定是罕见的。虽然没有人能一直处于巅峰状态，但只要我们学会乘情绪电梯而上——不只是偶然和意外地，还要经常和有意识地——某种形式的心流状态依然可以成为惯常的生活方式。

找回最好的自己

　　我一直深信不疑的一个观点和本书的一个基本前提是，我们生而具备精神和情绪健康的潜力。我们的自然状态是爱、创造性、信任、宽恕、好奇、快乐，渴望与别人建立亲密关系。

　　我们经常会从很小的孩子身上看到这种状态。对大部分小孩子来说，生活是一个奇迹。他们天真率直，活在当下。他们很容易从日常伤害中恢复，从不怨天尤人。许多时间里，他们自然地处于情绪电梯的上层。当然，他们也会乘这架电梯下行。我们都见过小孩表现出生气、急躁和苦恼的情绪，但小孩一般不像大人那样长期停留在低层。这在很大程度上是因为孩子一般不那么在意自己的想法，他们还没有决定事情"应该是什么样子"，因此他们坦然接受生活本来的样子，而不是他们的大脑对生活的理解。

不幸的是，随着我们渐渐长大，大部分人培养出的思维习惯或信条就会蒙蔽或模糊我们天生的健康状态。有时候，因为受到了别人的伤害，我们也许就变得谨小慎微或是怀有戒心。我们因为犯了错误而受责，因此学会了找借口和责怪别人，甚至推卸责任，让自己显得不那么恶劣。我们参加竞争性的体育活动，因此采取了一个以自我为中心的非赢即输而不是双赢的心态。我们因为天性流露受到负面评价，因此培养出虚假的另一面。这些思维习惯能推动我们乘坐情绪电梯下行，导致我们再也找不到那颗健康的童心。

可喜的是，我的咨询师工作向我表明，几乎每个人的内心深处都保留着那种孩子般的健康状态。只需要有人提醒他们，鼓励他们将它找回，教给他们实现它的简单技巧。你会在本书中学到许多这类技巧。最终，你将得以重新发现大部分儿童表现出的健康态度如开阔的心胸、创造性和快乐，也是成人处于最佳状态的特征。

一次，我和儿子洛根一起钓鱼。我们用到了鱼浮——一个浮在水面的塑料球，鱼线和饵挂在浮子下。之所以称作鱼浮，是因为有鱼开始啃鱼饵时，你可以看到它上下浮动。鱼儿时不时将鱼浮拖到水下，但鱼浮的自然状态是向上回到水面。同理，我们的自然状态是在情绪电梯的上层。担心、评判和不安的想法就像是鱼，它们咬住我们，把我们暂时拖到下层。但是当我们冷静下来，抛开那些想法时，我们的自然健康状态又会浮上来。

保持你的心理附着力

遇到困难、压力或冲突时，失去冷静的人会处于明显劣势，尤其是在应对他人的不当行为时。我发现，当我对付的某个人表现出急躁、愤怒或敌意时，如果我能保持镇静，我几乎可以肯定会成为赢的那一方。但如果我失去了自己的心理附着力，形势一般会突然恶化到失去控制。

多年前，我在环球影城（Universal Studios）主题公园看过一个魔术师的表演。魔术师请三位看上去最强壮的男性观众走上舞台，请他们脱去鞋子，站在他指定的一个地方。

接着，魔术师请一个娇小的女性走上舞台，也请她脱掉鞋子，站在另一个他指定的地方，离三位男士三米左右。接着他拿了根绳子，让三位男士抓住一头，女人抓另一头，叫他们拔河。结果，大大出乎众人意料的是，女人轻松地将三个大男人拉过了地板。

原来，在那些男人站的地板上涂了一层非常滑的航空材料，因此他们穿着袜子的脚下没有任何摩擦力。相反，女人站在一块摩擦力很大的橡胶垫上。有了这个优势，女人没费多大力气就把三个男人拉了过来。

当我们乘坐情绪电梯下了几层楼时，尤其是在我们还没认识到并且为此做出调整时，我们就失去了我们的心理附着力。我们没法清晰思考、理性交流或快速做出反应。在这些情况下，看上去不大的困难可以轻易难倒我们。

你可以采取一些简单的步骤来维持自己的心理附着力。难缠的人会被自己的想法困在怀疑、自大、挑衅或戒备的情绪中，无法自拔。下次你再对付那样的人时，想想那个拔河的情景，再深吸一口气，有意识地接受那些能让你重新找回在上行情绪电梯中获得的分寸感、谅解和洞察力的想法。这样你就能保持情绪定力，得到更好的结果。

获得独创思想

我们在情绪电梯上层表现更好的另一个原因，是我们能更便利地触摸到独创思想的源泉。

事实上，我们脑子里的大部分想法都不是新的或创造性的。我们通常只是处理已经存在于我们记忆库里的材料，或者根据已有知识或过往经历将新输入的信息分门别类。想想冷饮箱边或鸡尾酒会上的一次典型交谈。

你提到孩子时，对方会和你谈到他们的孩子；你提到假期时，对方会描述他们最近的一次度假体验。类似的，在大部分的商业讨论中，人们提出的观点都是没有任何新意的陈词滥调。在所有这些情况下，背后的潜在机制都是同一个：没有任何新事物进入系统，因此不会有任何独创或新颖的思想冒出来。

重新使用已有知识或将新信息归入既有分类并不为过，两者都是我们思维能力的实际应用。但独创思想来自洞察力和智慧所在的思维最高层面。有些人甚至会说它来自我们的个人经历之外，来自某种形式的集体智慧，只在特定情形下，我们才能利用这种智慧。这肯定是新的似乎无法解释的顿悟蹦进我们大脑时的感觉。

独创思想是重大发现和发明的源泉，是老问题的新解决方案，是看事做事的新方法。1994年7月4日，一个叫杰夫·贝索斯（Jeff Bezos）的年轻工程师开着1988年产的雪佛兰开拓者时，就想出了这样一个新颖的主意。他突然想到，当时尚不成熟的互联网可以作为一个向大众推销产品的系统。他停下车，拿出记事本，起草了一份图书销售网站的商业计划。亚马孙河是一条有着成千上万条支流的大河，于是他把新公司命名为亚马孙，随后它引发了一场零售革命。

处在情绪电梯低层时，独创思想通常与我们无缘。在控制我们思想和感情的负面情绪的驱使下，我们失去了感知能力。我们认为可采取的选择越来越少，思维越来越局限，行事越来越依靠记忆，我们也因此更倾向于墨守成规而不是展望新的可能性。我们变得越来越死板、僵化，越来越自我封闭。

相比之下，处在情绪电梯上层时，我们更可能产生独创思想。很少有人能设想出变革行业的一个全新商业概念，但停留在情绪电梯顶层期间，大部分人都有可能产生独创性的想法。

记不记得曾经有那么一刻，你在努力处理一个项目或解决一个问题，但因为疲惫、沮丧、精力下降，你看不到前方的出路？然后你换个心情，也许只是简单地睡上一晚好觉，休息一个周末，或是改变一下环境，突然之间，各种各样的可能性就都呈现在你的面前，解决问题的办法几乎毫不费力地涌入脑海。你也许会奇怪，太容易了，我之前怎么就没想到呢？情绪电梯的影响也许可以提供一个解释。

学会在情绪电梯上层停留得更久，你可以增强大脑的创造性思维能力。你在生活和工作中培养的这种能力越多，你经历的成功通常就越多，感到的压力就越少。

给组织带来的回报

学会驾驭情绪电梯会给个人带来巨大回报，但如果某个组织的雇员练习这一技能，它也会给组织带来较大回报。森·德莱尼公司的许多顾客向雇员传授情绪电梯的相关知识，它们出现在《财富》杂志最受尊崇的公司名单中，赢得 J.D. Power 的最佳客户服务奖项，在盖洛普（Gallup）民意调查组织评测的雇员参与得分中排名靠前，这些绝非偶然。

指导森·德莱尼公司文化塑造工作的核心信念之一就是，从某种根本意义上，我们不必教顾客任何东西，我们只传授实用性的方法，教他们找回已经存在的最好的自己。当人和组织处于情绪电梯上层时，那是水到渠成的事。当领导人和团队以最好的状态工作时，他们内在的健康行为得到强化，组织也因此而兴旺发达。

我在前面已经提到过，精神和情绪的自然健康状态是许多幼童的特征，大部分人在成长过程中逐渐失去了那种状态。相反，他们学到的一些思维习惯使他们更容易产生一些负面态度和行为，如恐惧、戒备和虚伪。许多这类后天习惯表现为他们所属组织的功能失常。政治冲突和信任缺乏导致无谓的裂痕和误解，部门与个人互相埋怨，为权力、名声和资源钩心斗角。结果，组织的时间、精力和金钱浪费在努力克服个人和文化功能失常方面，无法专注于生产、创造和成长。

森·德莱尼公司对一家新的客户公司进行文化诊断时，得到的"企业文化概况"通常给出指定问题领域的得分，位于红色区域的得分表明有严重的功能失常。最常出现在此区域的得分是雇员感觉不到被重视和欣赏。那并不意外。现如今，大部分组织比以往以更快的步伐运行，经常忽略了以人为本。但那是自找麻烦的做法，因为它导致雇员参与的缺乏和糟糕的客户体验。

幸运的是，我们得以应用本书中的概念将我们的顾客持续移出红色区域，转向一个有更多正能量和精神表现上佳的健康文化之中。当顾客得知，他们可以回到那些在情绪电梯下层体会不到的有益思考、感觉和行为，同时还可以拥有更高的生产率和发觉受到重视和欣赏的雇员和顾客时，莫不欢欣鼓舞。我们的顾客明白了，他们离健康的组织行为只有一个想法的距离，并且他们学会了如何得到它们。

驱动组织沿情绪电梯向上的价值

森·德莱尼公司在一个组织中的工作一般包括，一次与首席执行官及其高级团队的异地会议。临近会议结束，在讨论和体验了他们认为最愉快、最有效和最有益的行为方式后，团队成员通常发现自己处在情绪电梯顶层，感觉良好，运行顺畅。那一刻，我们问他们，回到公司后，他们希望建立什么样的相互关系，他们希望如何在整个组织内适用同样的交流风格。作为回应，这支领导团队编制了一个价值清单，这些价值界定了一个健康的、表现良好的文化。

基本组织价值　位于情绪电梯上层的态度和行为

基本原则：基于尊重、信任、赏识和关怀的积极、乐观的精神（对应悲观、嘲讽和怀疑）

个人责任和追求卓越的强烈欲望（对应埋怨和推脱）

致力于组织整体利益——互相支持的关系和团队协作（对应自私、地盘争夺、"零和"政治冲突）

鼓励冒险和创新，在此支持下的好奇心和开放、学习的心态（对应评判和对新思想的抵制）

正直、可靠和透明（对应虚伪和掩饰）

坚决拥护和专注于组织最高目标或存在理由（对应嘲讽和利己）

随着时间流逝，与数百个组织一起经历这个程序后，我们注意到他们所列价值清单之间的明显类同，得出结论，处于健康状态（情绪电梯上层）的集团一般会被引向同样的基本态度和行为。我们将这些编成一个清单，称之为"基本组织价值"。构成这些价值的所有行为自然而然地发生在处于情绪电梯上层的人身上，但避开了那些下层的人。我们发现，那些最成功的团队和组织更好地践行了这些基本价值。结果，属于这些集团的人通常可以在顶楼停留得更久，他们也因此更快乐，更有创造性，更高效。

　　一些公司在体现基本组织价值方面做得更好，几乎每个去花时间反省的领导团队都认识到这些价值的重要性，并且会主动践行。在我们与超过50个国家的各种集团的合作中，同样的价值不断浮现出来。这些集团里有财富500强公司的100多个CEO团队，还有政府领导和大学校长团队等。我们相信，基本组织价值代表了生活效能的普通原则，既适用于组织，也适用于个人。

　　我们饶有趣味地看到这些原则如何在组织中进行实施。一个例子是有限品牌公司（L Brands）——它是大众零售连锁Bath & Body Works和维密的母公司。有限品牌公司将它着力打造的企业文化称为"有限品牌公司之路"，基本组织价值即以此为标题出现在该公司。

在一个许多商业组织因不端行为受到强烈批评的时代，有限品牌公司从根本上致力于践行其价值，而不是仅仅追求利润。按公司创始人兼 CEO 莱斯·韦克斯纳（Les Wexner）的说法，生意不仅仅是要获利，"如何游戏更重要"。《财富》杂志将有限品牌公司誉为世界上最受尊敬的零售商之一。公司还被南加州大学（University of Southern California）组织效率研究中心（Center for Effective Organizations）认可为美国最灵活的组织之一。

在对世界众多优秀公司雇员的调查中，有限品牌公司在几个关键指标上排名最高：

"决策和行动上体现顾客关怀。"
"作为商业伙伴，我感觉受到重视。"
"我有发展出未来成功所需技能的机会。"
"不同背景的人很容易融入及被接受。"

解释这些成就的时候，韦克斯纳评论说："推动我们行为和结果的是我们的思想。"——乘坐情绪电梯的术语在组织成就方面的应用。

另一位应用情绪电梯的力量来提升组织表现的CEO是百胜餐饮集团（YUM! Brands）的大卫·诺瓦克（David Novak）。百胜餐饮集团管理着世界各地3.6万家肯德基、必胜客和塔可钟（Taco Bell）餐厅及170万雇员。百胜餐饮集团有效地应用情绪电梯作为塑造其文化及雇员和顾客体验的工具。大型环球公司中，只有少数公司连续10年年度利润增长率超过10%，百胜餐饮是拥有此项殊荣的公司之一，诺瓦克则因为他的成就而被《首席执行官》（Chief Executive）杂志评为年度CEO。

诺瓦克的畅销书《超级领导力：实现伟大目标的唯一道路》（Taking People with You: The Only Way to Make Big Things Happen）里有一段论述情绪电梯的章节。在一次《CEO秀》（CEO Show）访谈中，诺瓦克评论说："最坏的事情是你每天工作，却没有积极的态度。你至少需要让自己爬到情绪电梯上层，达到'好奇/兴趣'的楼层，你才能成为一个有效的领导。当你心怀感激时，你会做出最好的上层决策。"

使用情绪电梯作为领导工具的第三位领导人是军事保险和金融服务公司 USAA（联合服务汽车协会）前 CEO 小霍苏埃·"乔"·罗夫莱斯（Josue "Joe" Robles Jr.）将军。2009 年，这名功勋卓著的军官被《美国银行家》（*American Banker*）杂志评为年度创新家。在他的领导下，USAA 屡次在全美公司中的顾客服务和顾客忠诚度调查中排名第一。罗夫莱斯应用情绪电梯实现了员工和团队的最佳表现。按他的说法，"这个概念在 USAA 雇员生活的所有方面都发挥了无法估量的价值。它帮助我们作为业务同事更好地合作，在个人关系中也同样有益"。

2015 年，罗夫莱斯从 USAA 退休，巴拉克·奥巴马总统立即请他出任退伍军人事务部（Department of Veterans Affairs）新设的顾问委员会（MyVA Advisory Committee）主席。他的任务就是提高退伍军人事务部的工作效率，使之更接近其旨在服务的退伍军人。

现在，忽略文化、价值和态度问题的组织已经很少了。驱使这些少数组织忽略这些问题的原因是：认为那些"软"话题不及战略和系统之类的"硬"话题重要。但我们与各行各业、各个国家的组织打交道的经历表明，正是这种"软"特征在很大程度上决定了个人生活或组织的成功。情绪电梯之所以给那些明智地花费时间、精力做自我反思的公司带来了巨大回报，原因即在于此。

在第四章里，我们将进一步剖析乘坐情绪电梯的秘密，我们将从认识和理解你自己的情绪这个问题开始，这样你就能采取措施有意识地改变和控制它们。

B1↓

↑28

↑32

第四章

避开不健康常态

B2↓

↑17

↑35

改变你的思维，世界为之一变。

——诺曼·文森特·皮尔（Norman Vincent Peale）

理解了思维决定情绪后，我们依然面临一个问题：我们通常会维护我们的思维而不管它有多么不理性。请回忆一下第一章，约翰是如何想出貌似合理的证据来支持顶好产品公司的工作带给他的感觉的，即使那些感觉在积极到负面到重回积极间急剧转变。事实是，对于我们的生活状态，思维并不能作为一个很可靠的指标。如果你只是简单地遵从你的思维，你可能会一直停留在你最初的想法将你送达的情绪电梯的楼层。

不过有个好消息。我们人类不仅幸运地拥有思想，而且还拥有情绪。每个想法都会引来一种感觉，而我们体会到的每种感觉都是我们与世界互动的一个信号。在某种意义上，情绪电梯就是"感觉的晴雨表"——一台反映我们从高到低不同情绪状态的精密仪器。因此，想知道你的状态如何，就以你的感觉为指标。它们可以提供你的真实想法及其影响你和身边人的有用线索。

学会解读你身体的仪表板

当今汽车界的大事件就是电子产品的使用。现代汽车仪表板能显示从发动机报警信号到胎压等海量的信息。情绪电梯就是你身体的仪表板。身体内部可能会以你难以理解或分析的情绪水平工作，你体验到的情绪可以传达这个情况。

就像发动机过热时，汽车仪表板上的一只红灯会开始闪烁一样，当你的情绪开始激动时，燃烧的怒火就是一个警告；就像汽油快耗尽时，汽车上的油表警告你一样，冷淡和消沉的感觉提醒你，你的情绪能量水平正处于低潮；就像你拐错了弯时，导航系统宣称"重新计算！"一样，当你走错了路，需要重新评估你的方向时，沮丧和焦虑的感觉就会向你发出警告。

这就是情绪电梯的一个重要用途：它就像是一个告知你当前状态的身体仪表板。如果你学会注意你的情绪变化，尤其是在你滑向低层时，你就能按照本书中的提示，让那些警告信号激发并及时纠正行动。这将帮助你在情绪电梯上层停留得更久，并且使你处于最佳状态。

假以时日，你就会对那些闪烁的灯光和报警信号非常敏感。它们警告你正滑向低层——尤其那一层是你到过多次的熟悉楼层时。

我最熟悉的低楼层是急躁。它的方式多种多样，你大概也体验过其中的一些场景：

为什么这些该死的车像龟爬？

无疑，我排的这队收银台成了最慢的，现在，我前面的顾客在为一张 50 美分的优惠券争得不可开交！

为什么我的电脑启动这么慢？

拜托，各位，这个业务问题我们已经谈了半小时了。我们赶紧做个决定吧！

我学会了识别伴随急躁而来的情绪。我感觉紧张，有点恼火，甚至有些"压抑"。如果这种感觉持续超过几分钟，它很可能会演变为愤怒。而这经常会导致愚蠢的选择：我对正竭力应付顾客的收银员出言不逊，或者在全面评估所有事实前匆匆结束一次业务讨论。

担忧是我所熟悉的另一个低楼层。它有自己的一套程序，通常不像愤怒那么强烈，但有时却更加令人不安。我识别担忧最常用的一种做法，是意识到我在翻来覆去地咀嚼自己在脑子里创作的故事，并且伴随着每次咀嚼，我想象出来的结果也变得越来越糟糕。如果我不采取措施阻止这种担忧循环，微小的担忧就会变成一个大的戏剧性场景。

一种不断在我身上发生的担忧循环与我对健身的爱好有关。我有保持体形的动力，因为我深信健身能改善情绪和精神状态。对于我而言，一场晨跑能让我头脑清醒、情绪饱满地开始新的一天。我也能在晨跑中得到最有创造力的想法，能在晨跑中解决一些问题。大部分人的膝盖到60岁以后就不中用了，我则有幸能比他们多跑几十年。这些年来，我每次跑步时，就算感觉到膝盖有一点点疼痛，我都会万分小心，不然我的思维会编织出一个灾难性的场景：我的膝盖终于不中用了。那我也就不能再跑步了，也没有那么多创造力了。我也不能通过三项全能的训练保持体形了。离了有氧运动，我的寿命也会受到影响。

意识是解读你的身体仪表板的关键。带一张情绪电梯卡片作为提示，它能帮你随时保持那种意识。学会解读你的情绪发出的信号很重要，因为管理情绪的第一步是知道它处于哪种状态。

情绪电梯

感激

理智 / 深刻

想象力 / 创造力

机智

乐观

欣赏

耐心 / 谅解

幽默感

灵活 / 适应

好奇 / 兴趣

急躁 / 失意

烦恼 / 焦虑

担心 / 忧虑

戒备 / 不安

评判 / 责备

自以为是

压力 / 疲倦

愤怒 / 敌意

抑郁

温水煮青蛙：不健康常态的问题

不幸的是，情绪状态的识别和控制因为一个现象的存在而显得尤为困难。我把这个现象称为不健康常态，它出现在我们对一种低层情绪状态及其相关感觉熟视无睹的时候。这种消极状态避开了我们的自主意识，因此变得很难改变，成为我们的"新常态"。

那个煮青蛙的老故事是现成的例子，它道出了不健康常态是如何发生的。故事是这样的，如果把一只青蛙放进一锅水里，慢慢加热，青蛙不会意识到温度的变化，因此它自己想不到要跳出锅去，最后成为一只煮熟的青蛙。

我知道，一些生物学家认为煮青蛙的现象在科学上并不准确。事实上，他们认为，一只健康的青蛙会意识到水温的变化，跳出生天。但这个比喻依然有用，因为它尖刻地捕捉到了一种普遍的人类心理现象。

人经常以一种类似那只青蛙的方式去适应不健康的外部条件。例如，森·德莱尼公司总部搬到位于加州亨廷顿比奇市（Huntington Beach）的新办公楼后，曾经有几个星期，因为办公室离 405 号州际高速公路不远，永不停歇的交通噪音让我心烦意乱。现在，当客人问我在这些噪音下如何投入工作时，我的回答是："什么噪音？"

以同样的方式，我还适应了洛杉矶地区灰蒙蒙的天空。我们的大儿子凯文是出了名的人称"大礼帽"的风筝冲浪手，在夏威夷冲浪胜地哈莱伊瓦（Haleiwa）瓦胡岛（Oahu）北岸开了家冲浪用品店，名叫夏威夷冲浪和风帆（Hawaii Surf & Sail）。我们喜欢去看望凯文夫妇，一有机会就会去。长年不断的信风保证了夏威夷群岛瓦蓝瓦蓝的天空和纯净无比的空气。拜访过后，飞回洛杉矶时，看到以前习以为常的灰霾，我还是会非常震惊。当然，用不了几天，我就再也意识不到它了。

可是在习惯性情绪状态面前，我们都有成为水煮青蛙的危险。想想你经常性地为人和事烦恼或不安的时候，也许那时候，你正在一个处于不正常行为模式的公司工作。所幸的是，你可以通过改变你的环境，或者通过改变你根据那些环境采取的思维方式去解决这个问题。但如果没有这样做的话，你或许会发现自己越来越烦躁，直到对这种不安的状态熟视无睹。

最终，急躁、沮丧和悲观情绪就成了你的不健康常态。你也许会一直浑浑噩噩，没有意识到不快乐已成为一种习惯，直到某个外部事件让你意识到。也许你会遇到一个老朋友，他会对你说："哇，遇上什么不开心的事了？你以前从不那样愁眉苦脸的！"

不健康常态有许多种表现方式。某段时期，我的不健康常态表现得特别强烈。我忧虑过度，什么事都要去做，什么事都想做好，什么事都要赶在期限之前完成，不想让任何人对我失望，要求自己做的每件事都要成功。我脑中的弦一直绷得紧紧的，除了那些罕有的可以真正休息一下的时刻，比如度次长假，我甚至都想不起来还可以过一份更加宁静安详的生活。

对于其他人而言，习惯性的不安全感、评判、担忧、埋怨、愤怒或消沉的状态也许会成为他们的不健康常态。当然，问题在于，如果没有意识到你自己的不健康常态，你不会想到对此采取任何措施。一种习惯性情绪可以变成一种自我毁灭的生活方式。

所幸这并非无可救药。这里的关键是通过解读你自己的仪表板，并做出恰当的反应，持续有意识地关注你自己的感觉。

有时，识别一种不健康常态要求对外部提示保持敏感。这就像一个司机，要等到其他驾驶员警告他，他才意识到自己的大灯已经烧掉了。

对我来说，则是家人、同事和朋友的提醒让我认识到，过度紧张已经成为我的不健康常态。于是，我开始探寻我过度操劳的本性是从何时引发急躁、焦虑和烦恼的。最终，我的感觉会变得更加敏锐，直到那些情绪成为一台我无法充耳不闻的大钟。我养成了一个习惯，我会深吸一口气，告诉自己，又来了！这是避开过度紧张情绪的时刻。冷静！专注于此刻！让生活轻松一点！经过一段时间后，我的过度紧张时期便大大缩短了。

我们都有一个身体仪表板，它能将我们从最严重的情绪失调中拯救出来，但除非你认真解读它，否则它将对你一无是处。请关注你从身体内部和外部得到的信号，学会敏感地监测你的身体仪表板上的情绪指数。

不健康常态与家庭关系

　　我的岳父岳母以前经常来我们家，我和妻子会注意到他们是如何发生口角的。他们因为鸡毛蒜皮的小事互不相让，不断用微妙的奚落或风言风语互相指责，但两人却对他们持续不断的敌对状态浑然不觉。这就造成了他们的不健康常态，并且他们没有注意到这点，没有意识到两人之间关系的任何问题。

　　有这种行为模式的不只是我岳父岳母一家。破坏性的不健康常态这种情绪状态经常出现在双方长期的关系中。夫妻之间开始变得互相习惯，不再表达对彼此的欣赏，并逐渐疏远了爱和亲密的感觉。

　　比起生活中的其他方面，在亲密关系中尤其需要关注你自己的感觉。这些需要追寻和培养的感觉是爱、欣赏、宽容、不指责和同情。如果你维系着这些感觉，家庭关系就会很融洽。如果你不再注意你的情绪，某种不健康常态就会随之产生，评判、指责、不满、积怨和委屈就会慢慢扎根。

乔治·S. 普兰斯基（George S. Pransky）和妻子琳达（Linda）领导着一家位于华盛顿州的为个人和组织提供咨询的事务所。他们经常为夫妻提供服务，帮他们理解大脑、思维和意识三原则。他们认为这三条原则是健康关系的核心。协助提出这三条原则的西德尼·班克斯（Sydney Banks）将它们定义为，"大脑是所有智慧的源泉；意识让我们知道自己的存在；思维指导我们作为自由思考的人生活在世界上"。普兰斯基传授这样的概念："意识使思维在那一刻的每个人看来是真实的，因此个体现实通过个人倾向和思考这个媒介创造出来。"你也许会注意到，这是本书所列观点的一个哲学版本。

乔治·普兰斯基讲述了一对夫妻的故事。他们来这里住了下来，静修了四天，因为他们感觉爱正在远离他们的婚姻。他帮他们意识到，争吵和互相指责这些习惯性的做法已经成为他们之间关系的不健康常态。

这个新见解让他们精神为之振奋，夫妻二人带着浓浓的爱意，满怀希望地离开了静修之地。但一周后，乔治接到惊慌失措的丈夫打来的电话："我们失败了。"他声称，"我们刚才吵了一架，两人都为此极为苦恼。"

　　乔治回答说："恭喜！这一次，你们意识到你们并不喜欢这样。那是再好不过的事情了。"这对夫妻不希望发生的举动和随之而来的感觉成为在他们耳畔响起的大钟——走向积极、持续改变的第一步，也是最重要的一步。

组织中的不健康常态

在森·德莱尼与公司顾客的合作中，我们的目标是鼓励、教育他们，与他们一起培养健康的、优秀的组织文化。当我们进行一轮文化诊断时，我们几乎总能找出一些负面行为和态度，正是这些妨碍了积极、创造力和高效能状态的实现。只有外人才能看清这些功能失常，因为人们在一起待上一段时间后，会发展出一种所谓熟视无睹的状态——一种组织形式的不健康常态。

有时候，不健康常态习惯会作为公司领导层刻意选择的一个结果在组织中发展起来。

一个极端的例子是安然公司（Enron）的故事。20世纪90年代，位于得克萨斯州休斯敦的这家能源和商品交易公司广受尊崇，被誉为全世界最有创造力、非传统并且似乎盈利丰厚的公司。《财富》杂志史无前例地连续六年将安然公司评选为"美国最具创新精神的公司"。

在安然公司非同寻常的成功经营期间，我应邀与安然公司的高管会面，他们的兴趣在于探索一些方法，让森·德莱尼公司帮助他们培育一种更为成功的文化。我们的团队很快发现，安然公司的文化完全是由对私利的过度关注所驱动的。我们指出这一点，告诫公司领导人，如果长此以往，这种经营策略有重大风险，并且终将无法持续下去。但他们却说他们还想扩充他们已有的——一种以极高工作表现为预期的中心文化，它充满了人人为己、无情竞争和不择手段的常态。

我们拒绝了这份合约。几年后的 2001 年末，安然公司卷入了史上最大的公司欺诈案，轰然倒塌。随后的报道显示，安然公司在设法维持季度利润连续增长的过程中，逼近并且越过了诚信和道德的界限。因为整个组织内弥漫的不健康常态，安然公司内部少数了解情况并且想说出去的人成了社会的弃儿。

诚然，安然公司是个极端的例子，但缺乏合作与过度自利的结合也许是最常见的不正常组织习惯。1982 年，电信巨头美国电话电报公司（AT&T）解散后，森·德莱尼公司帮助改革几个本地贝尔电话公司的企业文化，在工作初期看出了存在的问题。

由美国东海岸（Eastern Seaboard）几个州电话公司组成的大西洋贝尔公司（Bell Atlantic）是我们的第一个电信客户。公司的CEO雷·史密斯（Ray Smith）明白他需要迅速地将一个以国家为中心的垄断公司转变为一个协作性的全球竞争者，因此他请森·德莱尼公司来帮助他。

大西洋贝尔公司的雇员告诉我们，如果其他州电话公司输掉与当地管理人的一场费率官司，即使这将会减少公司利润，这个州电话公司分部的员工还是会拍手称庆，这种情况很常见。"它们输掉了，相比之下，我们看上去就更好了。"他们对此解释说。

听到这些话后，我们意识到我们正在面临一次挑战。同一组织成员间的友好竞争也许有助于鼓励努力工作和创造力，但如果它导致人们对同事和伙伴的损失而幸灾乐祸的话，这将是企业文化走向歪路的一个信号。

另一个非常普遍的不正常组织习惯是推卸责任。我们从小就受到这种教育——部分归因于体育和游戏——如果我想赢，你就得输。那种机制出现在组织里，也出现在家庭和夫妻关系中，它表现出的形式是一个人必须是对的，另一个人则该受责备。当那种机制成为无意识的习惯时，组织将会受损，婚姻将会破裂。

在我们开发森·德莱尼公司的文化塑造模型初期，我们的零售咨询组正在为底特律的 JL 哈德森百货商店（JL Hudson）实施一些项目。它当时属于零售业巨头代顿 - 哈德森（Dayton-Hudson），现在是梅西百货（Macy's）的一部分。我们其中的一个任务是改善沃伦供货中心（Warren Distribution Center）的糟糕表现。该中心从供应商处接收货物，再检查、标记、分类，然后送到各个店面。

全面研究过供货中心的运行后，我们没有找到它的布局、设备、系统或流程方面的任何问题，但我们的访问暴露出他们的责任感近乎极端缺失。人人都说存在问题，但接着就会指出别人谁谁谁是责任人。标记人员怪罪核对人员，核对人员怪罪采购员，采购员怪罪供应商，供应商怪罪标记员。

在与供货团队的一次领导力会议上，我们指出了他们推卸责任的心态，而不是负责任的心态，这为全体人员在业务实践方面的逐渐改进铺平了道路。最终，沃伦供货中心从代顿·哈德森集团表现最差的团队变成了最好的。

留心警告信号

当不正常的态度和行为成为你的不健康常态时，你又将如何识别呢？检查你的情绪电梯——以你的情绪为指导——只要这些情绪本身尚未成为一种不健康常态。如果这种情况发生，你需要重新学习识别你的低层情绪。首先，看看你能否识别可能存在的任何不健康常态：

急躁

悲观

恼火

愤怒

焦虑

担忧

过度紧张

责备态度

不安全感

无用感

无力感

不许出错

好争辩

自以为是

疏离

责备或推脱

不愿承认错误

有了这些感觉时，你就要注意了：仔细倾听那些能提醒你它们的存在的外部提示。如果你的朋友、同事或家人开始暗示说，他们在你身上看出了与这些情绪相连的态度或行为，别不当回事。你要重视他们的话，他们在告诉你，你的身体仪表板亮起了警告灯——那些被你忽视的信号。

一旦你开始认识到生活中的不健康行为模式，学会捕捉与那些模式相联系的感觉并做出反应，这个做法将会非常有用。我们将在后面的章节中探讨那样做的方法。

↑28

B1↓

↑32

第五章

情绪电梯刹车：
好奇的力量

B2↓

↑17

↑35

人类智慧的最高形式就是客观地评价自己。

——吉杜·克里希那穆提（Jiddu Krishnamurti）

我们在书里一直用情绪电梯做比喻来描述情绪如何上下起伏。当然，每天都有无数真正的电梯在世界各地上上下下。专家说，仅在美国一地，每年就有超过180亿人次乘坐电梯。为什么你从未听说有电梯摔到地下室？那种事一般只会发生在恐怖片和噩梦里，因为除了良好的制造和安全检验外，所有现代电梯都有一系列防止掉落的刹车，就算电缆断裂也摔不下去。因为这个聪明的系统（1852年由伊莱沙·奥的斯发明），坐电梯实际上比爬楼梯还要安全。

同样的，你可以学着在你的情绪电梯上装上刹车。大自然设计了一个自动系统，会在你的情绪状态坠落太快之前拦住你——只要你选择利用它。

回顾第一章的情绪电梯图。你会在哪里划一条区分上、下层状态的线呢?

那条分割线是"好奇、兴趣"。它出现在图的中间,作为你掉到低层情绪状态前的一个理想的刹车点。怀着更多好奇心去生活是避免掉到底层的一个好方法。下面是它的具体作用方式。

当某件可能将你砸到情绪电梯底层的事情发生时,比如说,某人说了或做了某件你不赞成或不理解的事,你感到不安、恼火,你可能会这么想:多么愚蠢的做法!它毁了我一天的好心情!他们一定是想激怒我!那时,你会立即感觉到你的想法将你的情绪电梯一按到底。

另一方面,你也可以选择好奇。你可以对此这么想:不知道他们为什么那样做,多么不同寻常、让人意外的做法。搞清楚他们为什么那样行事肯定很有趣。

当生活和你开了个玩笑时,你可以愤怒、沮丧或充满戒备,你也可以投入精力从那件事中进行学习,发展出理解及做出反应的创造性方式,这需要一个充满好奇的大脑。最终结果不一而足,但如果从好奇开始,你会永远比别人领先一步。

克制你的情绪冲动

要想理解好奇心为什么可以作为情绪电梯的刹车，你可以看看下面的段落。它在你心中引发了什么样的想法和情绪？

Those taht raed tihs hvae a sgtrane mnid. Olny 55 plepoe out of 100 can. I cdnuolt blveiee that I cluod aulaclty uesdnatnrd what I was rdanieg. The phaonmneal pweor of the hmuan mind. Aoccdrnig to rscheearch at Cmabrigde Uinervtisy, it dseno't mtaetr in what oerdr the ltteres in a word are, the olny iproamtnt tihng is that the frsit and last ltteer be in the rghit pclae. The rset can be a taotl mses and you can still raed it whotuit a pboerlm. This is bcuseae the huamn mnid deos not raed ervey lteter idnidivaluly but the wrod as a wlohe.

这无疑是一段看上去很奇怪的话。你有没有尝试读一读？如果读过了，你能不能看出其中的意思？如果本书读者只是普通人，那么你们中只有一半能读懂这个段落。

最重要的是，你体验到什么样的想法和情绪？你是不是觉得这段话里凌乱的字母莫名其妙、令人恼火？你是否很快就不想再读下去？你是不是在想：这是多么愚蠢的做法！凭什么要我弄懂这些胡言乱语？纯属浪费时间。

如果你的反应是那样，你就和大部分人没什么两样。许多人对混乱和令人反感事物的反应是飞快地掉到情绪电梯最拥挤的楼层——靠近底层的那一层：评判／责备。

现在我们回到那个奇怪的段落，尝试再读一读。你也许会发现，从最后一句开始，反而有助于理解。请慢慢读下去，一次一句。一点一点地，单词和意思会渐渐现出眉目。

如果还是不行，看看单词拼写正确的同一个段落：

Those that read this have a strange mind. Only 55

people out of 100 can. I could not believe I could actually understand what I was reading. The phenomenal power of the human mind. According to research at Cambridge University, it doesn't matter in what order the letters in a word are, the only important thing is that the first and last letter be in the right place. The rest can be a total mess and you can still read it without a problem. This is because the human mind does not read every letter individually but the word as a whole. [大意：能读懂这段话的人有个奇怪的大脑。100 人里只有 55 人可以做到。我相信我没法真正理解自己所读到的。"人类大脑的强大力量"。根据剑桥大学的研究，一个单词里的字母次序无关紧要，唯一重要的是第一和最后一个字母在正确的位置上。其余字母即使乱成一团，你也可以毫无障碍地把它读出来。这是因为人类大脑并不是一个个读出所有字母，而是读出整个单词。——译注]

这个例子取自一项审视大脑工作方式的科学研究。我们正确解读拼写奇怪的单词的能力是个新奇有趣的心理学现象，它本身也许并不重要，但你对这个练习的反应方式却大有深意。

如果你的反应是厌烦和恼怒，那你就生动演示了情绪电梯通常的工作方式。当不同寻常的意外事件发生——超出我们预料并且给我们带来始料未及的困难时，我们通常会经历那些将我们迅速带到底层的失控情绪反应。

另一方面，你也可以以好奇心来回应。它可以有几种形式，比如说解开那段话的含义的强烈愿望，想弄清这一出乎意料的练习的意图，或者在你时不时解开一个单词，慢慢弄懂整个句子的含义时那种滑稽的迷惑感。

如果这些是你的反应，那恭喜你了！你明白了好奇心不仅可以帮助你不至于掉到情绪电梯底层，而且它还向你提供了一份无法估量其价值的心态，供你去解开生活抛给你的无数难解的结。

关于评判

许多人对新的不同经历的通常反应是，飞速来到情绪电梯标着"评判/责备"的楼层。

我们有必要将"评判"与必要的判断行为区别开来。当然，我们每天都会做出判断：我们将如何行事，我们会做或不做什么，我们将承担的任务或项目，我们会如何处理问题等等。但评判是另一个问题，它是匆忙做出的判断，其做法是草率地批评不熟悉或复杂的事物、想法或人，在此之前都不花时间去了解甚至考虑一下。

人喜欢评判，个中原因众多。

有了评判，我们就不用费心去尝试理解不熟悉的事物，就可以按一个简单粗略的标准给它归类，尽管结果通常是错误并且毫无益处的，但这样做却便捷得多。

有了评判，我们就可以心满意足地自诩"正确"，将别人标记为"错误"，尽管这经常导致误解和冲突，最终带给我们更多的痛苦而不是快乐。

有了评判，我们可以保持那些熟悉的、令人心安的关于世界的信念、概念和形象，尽管它也限制了我们开阔思维、体验新事物和增长学识与悟性的能力。

评判倾向是我们为鸡毛蒜皮的小事与别人——包括同事、朋友和亲人——激烈争吵的原因。这就是许多人容易从任何新的或不同的事物中看到错误而非正确方面（我们可从中学到什么）的原因。我们喜欢匆匆得出结论而不是应用我们天生的好奇心，这个倾向是许多紧张关系的原因。这就是大部分组织达不到它们本应达到的灵活性和创造性的主要原因。

几乎每个人都可能在特定情形下陷入评判的陷阱。考虑如下这些假设的场景：

上司宣布，公司选用了一个新软件系统来管理你工作中的所有活动，而学会使用它需要两天的培训和阅读100页手册。

晚餐桌上，你的爱人提出想去一个新度假地的计划，这个地方与你最喜欢的地方完全不一样。

一个新同事的背景与你截然不同——也许她来自异国，有独特的学习经历和职业生涯。有人对你说："来见见你的新搭档！"

一个家庭成员（孩子、兄弟姐妹、父母中的一个）对全家人说，他或她的生活将有一次重大转变：新工作、结婚、搬到很远的地方。

你的公司宣布与一个竞争对手合并，它们的工作方法、价值观和文化与你的公司截然不同，而你是获选转到新部门的员工之一。

你能不能想象，自己在理智和情绪上对以上这些情形可能会做何反应？甚至只是读读这些简短的描述，你已经感觉自己的反应是焦虑、烦恼和恐惧。如果是这样，你就会明白，为什么人们通常以一种评判态度对待新挑战，而不是放下评判，代之以好奇、开明和开拓进取的精神。

人们倾向于以草率判断代替保持开放的心态，连那些最有发明创造精神的人都有可能堕入其中。在高新技术领域，微软和苹果公司是竞争对手，2007 年，微软 CEO 史蒂夫·鲍尔默骄傲地推出新的个人电脑操作系统 Vista。《今日美国》（USA Today）采访鲍尔默，问他对苹果在同期发布的新产品的看法。鲍尔默毫不犹豫地对竞争对手的产品做出了总体判断："iPhone 没机会获得大的市场份额。没门儿。"

当然，鲍尔默这次大错特错了。Vista 一败涂地，iPhone 却很快主导了智能手机世界，改变了行业面貌，为苹果带来亿万美元的利润。

我们很容易看出鲍尔默为什么会这样判断。他是世界上最成功公司之一的 CEO，他的公司做出了软件业众多伟大的突破，他对客户需求的猜测和信念怎么可能会出错？没人想要一个没有键盘的手机，更不会有人用这么个手机上网、编辑视频、听音乐和玩游戏，这在鲍尔默看来是显而易见的。iPhone 只是不符合鲍尔默眼中的世界，因此他拒绝了它，而不是以好奇、感兴趣和探索的态度来研究它。

假如微软 CEO 召集他最好的工程师、设计师和市场专家，坐下来传看几部新出产的 iPhone，挨个问他们："这个新设备新在哪里，不同在哪里？你们觉得苹果选择不用键盘的原因何在？这个新设计有什么新潜力？你认为人们会将 iPhone

用于打电话和发信息之外的可能性有多大？我们能提供什么新产品或服务来适应 iPhone 战略？怎么吸收 iPhone 概念甚至将它做得更好？"那么，他的情况会好得多。

对诸如此类问题的解答也许会给微软带来大量创造性的全新思想，使微软免于在随后数年里只能望其项背。

选择好奇

你可以选择用好奇的眼光看待生活。当生活投给你一个坏球时，当意外、混乱、不快、破坏性或痛苦的事情发生时，你可以追随本能的情绪冲动，抱着评判的态度，一路奔向情绪电梯底层。你也可以深吸一口气，摆脱你的负面情绪反应，选择好奇。自问：

这个令人意外和烦恼的事件背后的原因是什么？

我难以理解的这个行为的动机是什么？

我能从这个不寻常的事件中学到什么？

如何从这看似不利的事件中得到一些有利结果？

我可能需要如何成长和改变？

参加森·德莱尼公司的文化塑造活动的客户经常会问："你们课程最重要的一项收获是什么？"这时我通常会回答："选择生活在好奇而不是评判中。如果这样做，你就会有更加满意的人际关系和更成功、压力更少的生活。"

让情绪电梯的好奇楼层成为你的挚友，经常来看它，收获它所能给予的最好礼物。你就会在顶楼停留得更久，在底楼停留得更少。

↑28

B1↓

↑32

第六章

打破你的模式

B2↓

↑17

↑35

以一个孩子满怀惊异的眼光，视一切如初见。

——约瑟夫·康奈尔（Joseph Cornell）

因为思维在引发感觉和情绪方面发挥的作用如此重要，相应地，如果能改变思维，我们通常就能改变情绪。虽然这不容易，但有一种做法有时会起作用。它被称作模式中断，其实只不过是放弃某种思路，转换到另一种思路的方式。

接下来的问题是模式中断在日常生活中可能显现出的样子。

想象你情绪低落，为当天发生的某件事而担心。那也许是工作中的一个难题，一次人际关系挑战，或者你社区中的某个问题，比如，最近有消息说当地水库可能被附近一家工厂的废物污染了。

你整天都在为那个消息所困扰，与爱人在早餐桌上，与同事在饮水机边讨论它。开车回家路上，你还在想它，在脑子里导演这样的画面：

假设人们发现当地供水已经受污染，甚至几年前就已经受污染了，那对我和家人的健康会有什么影响？我们中的哪个人会不会在不久后得癌症？也许我孩子的大脑功能已经受损，那会影响到他们的学习成绩。并且随着消息慢慢传播开来，我们镇的房产肯定会掉价。我们的房子也许根本就卖不出去，而我们家的大部分财富都系在房产上。这可能会成为影响我们今后多年生活的一场灾难。

回到家时，你处在极端压力、失意和沮丧中。但你在进门时，电话响了。是你的哥们儿打来的。听到他的声音，你感觉好多了，他对你说的话更令人振奋："记得下周要来镇上的百老汇表演团队吗？我想法弄到了四张票，叫你们俩和我们一起去。到时我们先撮一顿，然后好好在外面玩儿上一晚。你觉得如何？"

你和哥们儿聊到聚一聚该多好，你们的老婆该多开心。你的情绪很快因为想法的转变而转变。到后来，再回头想到供水问题时，你的想法又是另外一种情形：

当然，还没有证据表明水库被污染了，再等等看镇里的报告怎么说，而且我们还没听说任何可能影响健康的消息。到目前为止，家里也没人出现任何异常症状——上帝保佑！而且，就算最后发现供水有问题，我们还是可以想出办法的。我们可以装个过滤系统，或者喝瓶装水。而且我们幸运地拥有镇上良好的医疗服务，还是走一步看一步吧。

出现在这个故事里的就是一次模式中断。在许多情况下，你可以启动自己的模式中断，无须消极地等待来自外部的。模式中断可以有许多种形式，而你需要发现对你起作用的那些类型。

各种模式中断

　　一夜好觉是人人可用的一种健康的模式中断。几乎可以肯定地说，你一定体验过睡眠改变情绪的作用。经常，经过漫长艰难的一天，世界似乎要把你压倒，大家心情烦闷，而你要面对的问题，答案也不明朗。但在睡过一宿好觉之后，虽然你的情况没有改变，但仅仅因为你的思维与前一晚有所不同，你的世界看上去也好多了。

　　对于我，锻炼身体可以是一个有力的模式中断。早上起床时，我也许会很累，情绪低落，但在每天的晨跑结束时，我通常感觉充满了灵感和各种好点子，随时准备面对世界的挑战。科学家告诉我们，跑步时体内产生的内啡肽会带来一种自然的亢奋情绪，然而锻炼的好处远非如此。有节奏的步伐、聆听的音乐和路上的自然风光，所有这些积极刺激的结合让我头脑清醒、冷静。医学专家和心理学家证实，化学和生理因素对我们的思维和情绪有强大的影响，这就是改变体内化学组织的身体活动可以作为很好的模式中断的原因。

许多其他形式的锻炼也有同样的效果。深呼吸吸入的氧气对改善情绪非常有用。实际上，仅仅专注于你的呼吸就是一次小的模式中断。在使大脑冷静和打断你陷入任何消极模式方面，与冥想和祈祷相联系的呼吸技术可以发挥与锻炼相类似的效果。（我们将在第九章更深入地剖析心－身联系，描述一些其他自我治疗技术，你可以用它们维持积极的情绪和精神状态。）

情绪也会有传染性。研究表明，如果你把一个情绪低落的人置于一群人或一次聚会中，整个群体的情绪都会走低。相反，如果你把一个情绪高昂的人放在一个聚会上，他的高昂情绪通常也会传递给别人。

你可以有意识地利用情绪的传染特性。驱车远行去做客户工作时，我有时会感觉疲倦和不知所措。发生这样的情况时，我会打电话给我的妻子。她会听我谈论我这一天发生的事情，还常常对我说些我们的孩子做的搞笑、有趣或是让人激动的事。我们谈得越多，我感觉精神越振奋。我的妻子就是我的模式中断，因为我一般会跟上她的积极情绪，尤其是在我最需要它的时候。

当然，不是人人都可以在你的生活中扮演这种积极的角色。虽然把人分类不是好事，尤其是以一成不变的标准，但我依然倾向于将我生活中的某些人看成是充满斗志的，另一些人看成是泄气的。想要振作的时候，我会尝试接触已经处在我希望到达的情绪电梯楼层的人。生活中，与能振奋你精神的人在一起可以是一次模式中断、一次真正的情绪提升。

同理，我尽量减少与一直拉我下降的人在一起的时间，当然，无法避开他们的情况也是有的。不得不与那些通常停留在底层的人沟通时，我希望自己可以作为他们的精神鼓舞者，提供一些他们也许缺乏的积极能量。

如果情况允许，置身对你的思维和情绪有积极影响的人之中是一个很好的生活策略。那样的品质也是森·德莱尼公司挑选雇员时所看重的。如果你有机会在我们位于世界各地的办事处见到我们的咨询师或团队成员，你会立刻感觉到他们散发出的积极能量。

自我暗示也能在情绪管理中发挥重要的作用。我曾用自我暗示作为打破担忧习惯的模式中断。前面已经提到，从担忧引发的情绪以及开始在我脑海打转的想法（我把这些称为我的"精神旋涡"）里，我已经学会识别忧虑的降临。现在，只要注意到我的思维开始以这种无益的、降低情绪的方式打转，我就会漫不经心地告诉自己，你又来了！

注意到你的情绪并且提醒自己要如何对付它们，凭此一点就可以在某种负面情绪有机会控制你之前拦住它。

甚至连小孩都能学会如何用模式中断改变他们的态度。当我们十几岁的儿子洛根苦恼、厌烦或感觉到压力时，他会让我和他妈妈知道，让他一个人待着是最好的选择。我们发现，当他情绪低落时，尝试与他交谈是徒劳的。

相反，洛根有自己的策略来对付它。他走进自己的房间，关上门，做些他真正喜欢的事情——那些他可以全心投入，将心思从底层情绪想法中转移的事情。比如说看一个喜欢的电视节目，或是玩一个需要集中全部注意力的电脑游戏。不久后，洛根走出房间，又成了我们熟悉和钟爱的那个活泼可爱的儿子。

许多孩子发展出与洛根类似的处理情绪的方法。它们的主要区别是洛根的做法是有意识的，刻意而为的。我明白这一点，因为有一次，我听到他对主日学校的一个同班孩子说："当我很生气时，那不是真正的我。"他说，"我怕我会说些并非出自我本意的话，因此我不想和别人待在一起。当我感觉又成为我自己时，我才会出来和家人待在一起。"

电脑游戏是洛根的模式中断。你的模式中断可以是一轮高尔夫，一首喜欢的乐曲，一次瑜伽练习，逗逗心爱的宠物，或者与你亲近的人聊会儿天。你可以不断尝试，直到发现什么对你有用，感觉需要时把它从你的工具箱里拿出来。

将对更高目标的关注作为模式中断

中断消极的思维和感觉模式的一个有力的方法，就是将注意力转移到更高的目标上。从你对自己的想法——尤其当它们集中于担忧、恐惧、不安和敌意时——中抽身出来，转而考虑他人及其需要，这样你的情绪电梯就会飞速向上，进入更高层次的思维，同时获得更加深刻的宁静和乐观的感觉。

你的"更高目标"不一定非得要多么崇高，只需要超越你自己，对世界产生积极影响。下面是几个简单的例子：

听一个遇到困难的朋友倾诉，不评论或批评，给予支持鼓励。

为一份有价值的事业贡献时间或金钱。

致力于精神生活，将那些原则融入你的日常行为。

指导一支少儿运动队，担任领队，或帮助领导一个青少年团体。

指导一个需要指导、建议和帮助的年轻人。

参加一次支持慈善事业的长跑或散步。

做个好父母，关心子女，传授积极的价值观。

在当地施食处、流浪者避难所、急救热线或其他社区服务活动中做志愿者。

一旦忘记自己，服务他人，我们就能改变情绪，振奋精神。因为我们在情绪电梯高层停留的时间越多，我们就会越有方向感，更加有创造力，更积极，并且最终也为我们的世界做出更多贡献。这是个绝妙的自我强化的循环。

当你的情绪电梯拒绝移动时

我在前面说过，可用的模式中断是无穷无尽的。散步、锻炼、听音乐、帮助友人或小孩、读书、做志愿者、洗澡、按摩、打盹、购物、静观落日，这些模式中断里的任何一种都能将你的思维转移到更高的层级。你的任务就是不断去尝试，直到找出对你最有用的活动。

不幸的是，即使你最喜欢的模式中断有时也会失效，这里就出现了一个问题：为什么摆脱某些低落情绪状态如此困难？当你无力自拔时，你还能做些什么？

这里的基本问题是，我们的想法即使不是完全合情合理，在当时看来却似乎无懈可击，在自我强化的情绪支持下，它似乎是真实的、无法抗拒的。另外，在许多情况下，某种低落情绪也与我们面临的某个真实问题或困难联系在一起。结果，我们感觉我们的情绪是正当的，认为我们有"权"那样感觉。其实，乘坐情绪电梯上上下下似乎是生活中一个避不开的部分。有时我们向下，经常出于不那么明显的原因。

因此，在你喜欢的模式中断对你的感觉不起任何作用的情况下，最好的做法是像对待坏天气一样对待你的低落情绪：别去对抗它，顺其自然即可。你要明白，你的低落情绪就像天上的乌云，总会过去的，你会慢慢感觉好起来。这种情况以前有，以后还会有。认识到这一点会帮你正确认识那份情绪，然后克服它，能尽可能将它对你和他人的伤害降到最低。

大部分情况下，与其说伤害我们的是我们有时必须经历的坏情绪，不如说是我们在这类情绪下做出过度反应时铸成的大错。

B1↓

↑28

↑32

第七章

培养你偏爱的思维

B2↓

↑17

↑35

我们终日所思即为我们。

——拉尔夫·沃尔多·爱默生（Ralph Waldo Emerson）

切罗基族印第安人的一个古老传说解释了我们所有人内心的冲突。故事中，一个聪明的老人与孙子谈论起生活。

"孩子，"祖父说，"我们每个人的身体中都有两条狼在搏斗。一条狼是恶，是愤怒、羡慕、嫉妒、悲伤、遗憾、担心、贪婪、自负、自怜、内疚、怨恨、谎言和妄自尊大。另一条狼是善，是快乐、和平、爱、希望、宁静、智慧、谦虚、友善、慈爱、同情、慷慨、真理、怜悯和信仰。"

孙子想了一会儿，问："哪条狼会赢呢？"

祖父简单地回答："你培养的那条。"

我们都有各种想法，它们将我们带到情绪电梯从高到低的每一个楼层。为了体验完整的生命，我们拥有了与生命相伴而来的思考和感觉。那么问题来了：我们培养哪种思想，哪些想法会因此而支配我们？

　　有时候，因为人性使然，我们会短暂造访情绪电梯的某个楼层。但其他时候，我们会长期停留在一个特定的楼层。这种做法并无益处，至少当那个楼层位于低层时是这样。

培养你的消极思维

记不记得第二章的黛博拉？她是森·德莱尼公司的新咨询师，应邀和我一起对当地一家公用事业公司的 CEO 做销售访问。黛博拉为即将到来的访问紧张不安，这是正常的，可以理解，但她担忧过了头，在自己的脑子里编起了剧本：拜访完全失败，她被炒了鱿鱼，儿子上不了大学，家里的房子也没了。这种消极想法和与之相伴的压力、恐惧、绝望的感觉占据了她在那次会面前的前几天生活。

你还记得那件事的实际结果吧：虽然之前黛博拉担惊受怕，但销售访问进行得很顺利，她甚至还从中得到了一些当地的咨询业务。她的担忧纯属杞人忧天。

黛博拉的故事表明了我们的选择是如何影响思维的。类似担忧的想法就像掠过我们前方路上的一片树叶一样从脑海里一闪而过，我们也可以培养它、强化它、装饰它。极端情况下，我们可以将它变成一部完整的充满特效和灾难后果的恐怖片。

关键是担忧本身并没有坏处，如果控制得当，它可以发挥重要作用。对未来的合理担心——关于可能会出错事件的想法——促使我们意识到潜在的危险，采取行动避免，未雨绸缪地制定防止危险发生的计划。在那些方面，担忧是有用的。在促使你采取具体行动，真正改善你的生活环境方面，担忧是可贵的朋友和同盟。但如果担心让你走上一条不会带来任何积极行动的漫长的想象旅程，那它就是破坏性的，是一种你必须停止培养的消极力量。

我一度曾有一个严重影响到生活质量的习惯。我随心所欲地给我的担忧添油加醋，培养我的消极思维，推测远远超出现实可能的前景。我发现改变的关键是在思维模式走得太远前意识到并且打破它。我开始学会识别我的担忧什么时候成为一出剧，什么时候让我浮想联翩，情绪会在什么时候长期低落。在合适的时候采取恰当行动——通常是给自己一个温和的提醒，比如说，别再那样了——情况就会变得大不相同。

我没有给担忧火上浇油，我学会了釜底抽薪。

担忧不是唯一一种可以转变内心恶狼的消极思维。愤怒是许多人通常会培养的另一种情绪。愤怒时，我们经常也会感到自己是对的。我们告诉自己和任何表示同情的人，发生在我身上的事太不公平了。这不针对个人，它事关公正。现实是，对别人遭遇的不公，人们很少激起同样的义愤，他们只愤慨于自己感觉到的伤害，这一点无疑表明，它是针对个人的。

有时你也许真的受到了不公正的对待——也许你没有得到该得的提拔，也许别人向你承诺的晋升从未实现，也许一个从前的朋友冷落了你，或是一个亲戚嘲笑鄙视你。在这些情况下，怨恨或愤怒也许情有可原。你像律师在陪审团面前陈述一样在脑子里为自己辩解。你像律师一样强调每一个支持你观点的事实和情况，忽视或贬低每一个反对你观点的事实和情况。你越想越不公平，你的案子越来越一边倒，对其他的可能或解释越来越视而不见。火越烧越旺，你给它浇的油越来越多。这个钻牛角尖的过程是会令人感到满足的。

然而即使愤怒是正当的，沉湎其中也很少会给你带来好处。实际上，它更可能毁掉你。你越来越耿耿于怀，最终做出或说出让你后悔的事。

所幸我们还有其他选择。当某人让你恼火、厌烦或生气时，你可以不让自己想它，而是努力尽快忘记它，放开它。

这样做有时并不容易。自尊、自利、不安和敏感会放大你的痛苦，让你很难忘记。但好奇——你的情绪电梯刹车——可以帮助你。不要把你受到的不公看成是无法解释和无法原谅的，尝试寻找对已经发生事件的解释。问问自己，是什么促使此人行如此不公之事？什么样的想法、设想、信念或情绪导致他们认为这是一个恰当的举动？也许没提拔你的上司还没认识到你过去一年为组织做了多少贡献，或者也许她面临着她的上司要求她另找候选人的压力。也许冷落你的那个朋友对你无心伤害他的一句话念念不忘，或者也许他因为一些你所不了解的问题而情绪低落或心不在焉。

驱动我们身边人的力量与驱动我们自己行为的力量几乎是一样的。区别在于他们的视角与我们不同。别人做的也许有错，但按照他们的想法却是合情合理的，我们对这一点了解得越多，就越容易客观评价我们感觉到的恼怒，就越容易释怀。

对于你的怒火，你需要釜底抽薪而不是火上浇油，这个油就是你不断升级的想法。怒火中烧时，你似乎中了魔咒，你越快打破这个魔咒，你和你身边的人就会活得越快乐。

同样的做法也适用于你可能想要培养的其他负面情绪：急躁、戒备、不安、自以为是和评判或责备的倾向。类似这些情绪徘徊不去时，可以迫使自己中断这一模式，离开是非冲突之地，与自我辩解的想法说再见，去锻炼身体或与一个处于情绪电梯高层的朋友待在一起。

摆脱抑郁恶性循环

抑郁是在我们编造的长篇故事驱使下，对情绪电梯低层思维的长期访问。许多人的抑郁是化学物质失衡所造成的，可以并且应该采用医学治疗。如果你怀疑自己得了抑郁症，为了自己和你爱的人，你应该寻求专家的建议，他会帮助你调节这种疾病的心理和生理部分。

但在其他情况下，所谓"抑郁"只是出于可以理解的原因而陷入的某种思维性习惯。最初引发这个习惯的也许是悲伤、压力或痛苦的境遇——家人离世、巨大的财务损失、痛彻心扉的分手等等。但是最终，维持这种持续低落情绪的是我们的想法和我们对它们的理解。

大概 40 年前，有一段时期，我也面临着这种类型的抑郁。我的第一个妻子是我的初恋，她是我小时候在主日学校爱上的那个人。我们在大学时约会，后来就结了婚，我认为我们会白头偕老。她离开我之后的一段时间，我失魂落魄，沉浸在我的损失、做丈夫的失败和生活梦想破灭的痛苦中无法自拔，给我的绝望生活火上浇油。

信仰和希望让我逐渐改变了自己的想法。一个聪明和值得信任的朋友和我促膝谈心，教给我一套不同的想法让我去关注，这对我来说是一个转折点。他告诉我，虽然我现在还看不到，但我有一个光明的未来。我是个值得被拥有的人，终有一天，我会再次爱与被爱。我有三个爱我的儿子，我可以与他们建立我想要的任何亲密关系。这些和未来的其他部分都掌握在我的手里。

思考朋友的话，我对未来生活的设想变得乐观起来。我不再培养自己的绝望感，开始对未来的各种可能性充满希望。我和儿子之间培养出一种持续至今的深厚感情。最后，我遇到并且爱上了贝尔纳黛特，和她建立了更加滋润充实的生活。

我从绝望到希望的转变是通过改变想法和心态的方式来实现的。做出这样的改变通常是缓慢而艰难的，但无疑也是可实现的。如果你受到类似抑郁问题的困扰，尽快找机会改变你的思维。这个机会也许像我的情况一样是与朋友的一次谈话，也可以是一次宗教或精神体验、与家人待在一起的时光、工作或生活环境的改变，或其他无法预测的情形。讨教专家也许有用。不管它如何发生，当你感觉到改变心态的可能性时，尝试抓住它。它也许就是你一直在寻找的情绪电梯上行按钮。

选择你要培养的情绪

看看情绪电梯的下半部分。你最熟悉这里面的哪几层？你习惯徘徊在哪些楼层？你是如何陷入培养这些情绪的状态的？考虑下面几个问题：

有没有某些人或事让你不耐烦或是沮丧？如果有，你有没有念念不忘那些经历，并玩味细节，撩拨起恼怒之火？

你有没有频繁地感觉恼怒或烦躁？如果有，你有没有对朋友和家人抱怨或不断地想起它们，从而加重那些情绪？

你有没有担忧的习惯？如果有，你是不是经常夸大你所担心的那些不好的事，夸大它们的严重性，忽视你可以采取的降低其危险和减轻其影响的具体措施？

你是否习惯性地处于戒备或不安中？如果是，你是否会不断提醒自己你的弱点、失败和错误，忘记了你的优点、成功和成就，从而加重那些情绪？

有没有你通常会评判或责备的一些人或事？如果有，你是否忽视了别人承受的压力和问题，那些也许让他们很难抵抗诱惑？你是否对他们做过的全部坏事"历历在目"，同时忽视或低估自己做过的同样不好的事情？

现在看看情绪电梯的上半部分。你愿意花更多时间停留在楼上哪几层？你可以采取什么措施培养那些情绪？下面是几个例子：

你想不想更有创新和创造精神？如果是，不管是在工作还是在个人生活中，尝试让自己的思维扩展到涵盖更多不同寻常、不墨守成规的概念。留出时间思考、做白日梦。当你想出的某些主意似乎可行时，尝试与别人分享。

你愿不愿意满怀希望和乐观？如果是，每天以积极乐观的态度去想象你的未来。想象你希望做到的事情，不管是大事（找到一个很好的新工作），还是小事（清理你的储物间），然后身体力行，去实现它。

你愿不愿意满怀感激？如果是，花时间想想你生活中的好事和使之成为可能的人或事。然后表达你的感激，如有可能，直接说出来（比如对你的爱人、同事或朋友说"谢谢你"）。如果不方便直说，可以象征性地表达出来（比如，向你信仰的上帝祈祷，或默默感谢某个给予你充实生命的贵人）。

你愿不愿意更有耐心、更善解人意？如果是，在需要时践行这样的做法，强化这些特征。在银行排长队时，利用这段时间耐心思考；为同事的粗心错误感到恼火时，提出一个更好的，完成工作的方法。

你想不想变得更灵活变通？如果是，每天做一件新事，或用新办法做一件旧事，培养这些情绪。这可以很简单，如走一条新路去上班；也可以很宏大，如帮忙镇上成立一个新的社区服务组织。

你无须做一个情绪电梯的被动乘客，乘着它上上下下而无法控制或影响自己的行程；你可以有意识地做出你希望停留在哪里的决定，采取措施培养那些将把你带到那里的情绪。

记住那位聪明祖父的话：你培养谁，谁就会赢。

B1↓

↑28

↑32

第八章

活在温和偏好中

B2↓

↑17

↑35

如果苦难是披着伪装的幸运呢？

——劳拉·斯托里（Laura Story）

许多人容易掉入的情绪电梯底层是标着烦恼／焦虑的那一层。发现自己在这一层时，我们通常将责任归结到事件、境遇或周围的人身上。

"没有比今天上午更堵的路了。"

"老婆（老公）有个让我闹心的习惯。"

"我的工作没有得到应得的赞赏。"

"同事把事情弄得一团糟，我在办公室花了一上午给他擦屁股。"

"我的网线这个月已经断了两回了。"

当然，我们知道生活不可能事事如意。有趣的是，面临同样境遇，有的人很快就开始烦恼、焦虑，有的人则一笑置之。

有的人似乎下了情绪电梯，能在烦恼楼层停留上几小时甚至几天，有的人只是偶一造访，然后很快转到其他更高的楼层。

理查德·卡尔森的畅销书《别为小事抓狂》（*Don't Sweat the Small Stuff and It's All Small Stuff: Simple Ways to Keep the Little Things from Taking Over Your Life*）中谈到过这个话题。这本书的受欢迎程度反映出这是一个相当常见的生活现象。

"为小事抓狂"的人与几乎每天都焦虑不安甚至愤怒的人有什么区别呢？那些易为外界所扰的人会更加强烈地要求事情按他们的方式进行，那种方式须是单一的、偏颇的、确定的。他们对人们该如何行事有根深蒂固的观念，坚守他们所谓的"原则"，不愿让步。

你也许会把它看成一个可贵的特征。设定和坚持高标准难道不是一种可敬的生活方式吗？并不是，因为坚守自我宣称的原则会轻易演变成死板僵化。如果在大小事务上有意无意都运用这个准则，你很可能会长时间停留在情绪电梯的烦恼／焦虑楼层。最终，这会损害你的人际关系，给你带来不必要的痛苦，无法改变你实际的生活境遇。

不要太计较生活中的小事

　　较少时间处于低落情绪状态的人秉持一种我称为"温和偏好"的态度。和所有人一样，他们也有好恶。如意时，每天都是完美的，天空湛蓝，工作上没有烦恼，家庭生活幸福，电视上放着他们喜爱的节目。但他们明白，真实世界的生活并不是那样的。当境遇不如意或达不到预期时，他们的反应不是过度或长期的烦恼，相反，他们让负面情绪像原本晴朗天空中的乌云一样飘过，然后将他们的精力集中到其他更加积极的方向。

　　今天的交通特别拥挤、糟糕，但我可以待在车里考虑下午会议上的发言，也许我能想出一个更好的典故来阐明我的关键概念。

虽然我对老婆说过，很讨厌她当众反驳我，但在昨晚的聚会上，老婆有没有纠正我说的一个夸张的故事？哎！真希望她有时不要那么诚实。不过我想，在一个丈夫可能拥有的各种恶习里，诸如酗酒、不诚实、身心虐待之类，我的行为实在算不上什么。

如果在大部分时间里，我可以待在酒店，而不用去赶飞机，岂不快哉？不过要拥有我钟爱的这份对世界有益的工作，那只是需要付出的小小代价。而且小别胜新婚，这样做的额外好处是我们更珍惜彼此在一起的时间。

活在温和的偏好中并不意味着盲目乐观的态度：没问题！诸事顺利。

它意味着在问题发生时，寻找你可以采取的积极措施来解决，同时拒绝沉浸在那些问题可能带来的沮丧和愤怒情绪中。

活在温和的偏好中不意味着没有标准或原则。它意味着仔细选择如何和何时应用你的标准和原则，正如俗话所说，精心选择你的战役。

你的生活中也许有几个绝对不能让步的重要问题。那些与你的核心本质、重大利益或你秉持的道德价值有关的问题就属于此类。如果一个朋友或亲人要做的事会让你置于危险中，或者你认为道德上难以接受，你就应该坚决说不。如果在工作中，某人在产品质量或顾客服务方面走捷径，或者行事方式违背了公司的道德准则，你也许需要和他划一条清晰的界限。但在日常生活中，这么重要的问题也许不会太多。

细观之下，我们日常关心的事物都可以算是"小事"，应该可以用温和偏好的态度来解决。培养这种分寸感及学会其在生活中的应用是成功生活的艺术之一。

晚上吃墨西哥还是意大利食物？你也许偏好其中一种，但对此的争论不应发展为第三次世界大战。这些封面设计中，哪一种用在公司新宣传手册上的效果最好？你也许非常喜欢A设计，但如果队友选择B设计，这不是生死攸关的大事，也不意味着你的工作伙伴是"一帮完全不听我意见的白痴"。

我和贝尔纳黛特相处融洽，关系亲密。温和偏好的态度在帮助实现这份宁静方面大有裨益。它帮助我们避免那种会破坏婚姻的口角：关于到哪里度假、看什么电影、请哪些朋友来吃饭和支持哪个政客的争论。当然，那些事情也不是无足轻重，但与维持亲密的家庭关系相比，它们确实是小事。

幽默是对付死板的工具

你也许会注意到，幽默感处在情绪电梯图的上层。温和偏好与对生活中有趣一面的欣赏紧密相连。能从境遇中看出幽默，我们就不太容易死板、僵化和坚持自己的偏好与需要。

乘飞机旅行是个现代奇迹，有了它，只要花上以前所需时间的一小部分，我们就能环游世界。然而几乎每个人都体验过旅行有多大压力，多么令人沮丧和烦恼。也许那就是美国历史上大部分成功的航空公司都以幽默为重要商业策略的原因。

在不设头等舱的经济型航空公司中，美国西南航空经常获得顾客体验质量最高评级。他们的秘密是什么呢？西南航空雇用那些快乐和喜欢给别人带来快乐的人。在恶劣天气或机械故障延误航班时，他们会想方设法让挫折变成一出喜剧而非悲剧，让人振作起来。

关于西南航空人利用幽默的故事流传经年。在一次特别颠簸的降落后，一位西南航空乘务员在广播里宣布："这次降落很颠，但我要告诉你们的是，这不是航空公司的错，不是飞行员的错，也不是乘务员的错，而是跑道的错 [Asphalt 意为沥青跑道，这个词与 ass fault（可解释为屁股的错、混蛋的错）同音。——译注。]！"

另一次航班上，飞机在跑道上延误了一小时，机长为延迟起飞道了歉，接着保证说："别担心，各位，我们会把这家伙开得像偷来的一样！"

在一次因为天气造成的漫长延误后，在飞机中心烦意乱的乘客面前，乘务员中断了例行的安全通告，评论说："那些带着小孩子旅行的乘客，你们的孩子长大了多少？！"我倒不至于说，西南航空的乘客盼着出问题，那样他们又能听到一个大笑话，但西南航空雇员擅长用轻松的态度润滑生活中的小烦恼，乘客欣赏的正是这一点，而且那是公司刻意追求的一种策略。

谈到他们寻求雇用哪些类型的人时，西南航空联合创始人赫伯·凯莱赫（Herb Kelleher）说："生命太短暂、太艰难、太严峻，我们无法不以幽默对它。我们寻找的是一种生活态度，是有幽默感的人，他们不会把自己弄得一本正经。"

停留在情绪电梯上层强化了西南航空的成功和赢利：吸引更多忠实的顾客，使雇员更容易在最佳状态下工作。西南航空雇员们间的协作和友爱帮助他们在服务和上下客的速度上超过了行业内所有其他公司，这一点帮助他们保持了西南航空优异的工作表现等级。

人人都可以从西南航空的例子中有所收获。当你正经历疯狂的一天，遇到一个又一个挑战时，你可以选择心事重重，还可以选择深吸一口气，正确看待那些问题，在围绕你的疯狂中寻找幽默。如果学会笑对生活中偶尔出现的荒谬事情，你的精神就会为之振奋起来，你也能用上你的全部智慧。最终，你就能以更健康、更有效的方式对付那一天的问题。

别太看重你的想法

失意时，人很容易陷入低水平思维，而失意时正是你的思维最不可靠之时。奇怪的是，在我们最应该抛弃那些有问题的思维时，我们通常会把它看得最重。学会看轻你的思维，质疑自己的假定，怀疑自己确信的事，欣然接受对立观点和相反论据，尤其是在你的低落情绪占上风时，这些可以显著改善你的生活质量。

培养看轻自己思维的习惯可以带来诸多益处：

你会成为一个更好的听众。

你会更准确地理解你的环境。

你会更容易接受新观点。

你会及时想起重要信息。

你会看到更多可能性和解决问题之道。

你会更有创造性地应对挑战。

你会更乐观，充满希望。

你会停留在情绪电梯高层。

放弃低落状态的想法和感觉有时并不容易，甚至不可能。

这里有个以你的感觉作为指南的做法。当你心里涌上急躁、烦恼、焦虑或批评这类不良情绪时，不要立刻做出反应。首先停一停，只注意那份感觉，这样你可以选择如何反应而不是做出本能反应。接着，有针对性地确定那是一个需要强烈反应的重大形势，还是一个更适合温和偏好态度的"小事"。

大部分情况下，你会希望选择温和偏好的做法。但如果你确实认为某个特定形势值得采取更坚决的反应，你会以一个更周到、更有效的方法这样做，因为你已经停下来做出了一个有意识的决定而不是本能的反应。

下面有个故事，我用它来提醒自己温和偏好与看轻自己想法的益处：与许多乘飞机旅行的人一样，为了避免行李检查时的等待，我喜欢带一只可以滑过飞机两边过道的有轮背包。

大部分情况下，这种做法都很有效。但有些飞机的过道要比其他飞机窄，有时窄个一两英寸就会导致我的包撞在两边的座位上，打扰到其他乘客，并且增加我在过道里行走的难度。在我焦急或匆忙时，这个问题显得更加严重。我越想走得快，包就会越频繁地撞到两边座椅的扶手上。有时我的包还会翻到另一边，我只能拖着它走过过道。这几英寸的过道宽度就会带来这么大的差别。

生活就像是这样。活在强烈偏好、死板的原则和僵化的思维中就像试图挤过狭窄过道一样，你会不断撞到本可轻易避免的思维模式和感觉。相反，通过刻意塑造更灵活、开明和轻松的心态，尝试将你的过道拓宽一些，你的烦恼、焦虑和评判的感觉会少得多，你也会更加享受生活。

第九章

改变你的调定点：
健康等式

我们这一代最伟大的发现是人可以通过改变心态来改变生活。

——威廉·詹姆斯（William James）

停留在情绪电梯上层的好处显而易见。所幸多数人似乎天生具有一种天然的健康心态。我们的默认设置是在情绪电梯上层。那是我们的大本营，我们离它只有一个想法的距离。

医学专家告诉我们，每个人的体温都有一个"调定点"，这个温度指标接近华氏 98.6 度（约 37 摄氏度），但也可能在这上下轻微波动。类似地，大部分人的体重也有个调定点，我们的体重围绕它上下波动，但都会不断回到该点。

我们在情绪电梯上通常也有个调定点——一个我们可以通过几次有意识的生活实践来改变的点。一个做法是通过某些特定的简单行为的调整来调节你的惯常精神状态。我将在

第十章中讨论这个做法。

另一个很简单，就是照顾好自己的身体，人人都知道要这样做，但因为不在意或太忙，我们经常会忽视这一点。

研究表明，人在疲乏时更易感冒，情绪也更易变坏。身体疲乏时，我们对别人的话更敏感，更有可能认为别人是在针对自己。我们缺乏耐心和体谅，经常感觉浑身不安。因为疲劳时，我们的思维质量会下降，看起来没有正常时聪明机智。我们的工作效率也会受到影响，那又增加了我们的工作压力。身体健康，精力充沛时，我们处理生活问题显得更得心应手。

相比之下，我们感觉生龙活虎的时候，心态会更加达观，不易焦虑烦躁，不会轻易让外人或环境控制我们的电梯按钮。那是因为我们的身体状态和精神状态是紧密相连的，这就是为什么在大部分人看来，经过一夜好觉、一个周末的休息或一次让人恢复的假期，生活似乎显得更加美好了。

所幸，你可以用一些特别的方法更好地照顾自己，这样你会变得更达观，不容易掉到情绪电梯底层。

拉伸－恢复循环的重要性

最好的健身锻炼的基础是，要理解你的身体和精神都需要拉伸与恢复——拉伸－恢复循环。人天生就生活在循环中。要保持最佳状态，我们生活中的许多方面都需要拉伸－恢复循环。

经验丰富的运动员一般都知道拉伸与恢复循环的作用。拉伸意味着超出自己的舒适范围来扩展自己的精神、情绪和身体能力。这好比举重，举重让身体某个部位加大负荷来改变该部位肌肉的结构，次日再让那个部位休息，让它恢复、生长、强化。

网球运动员需要时不时爆发出巨大的力量，中间只有很短的恢复时间。许多人都有自己的恢复方法，如拨弄球拍线，或在比赛局拼尽全力后，在中场休息间隙弹弹球。

我坚持慢跑了几十年。几年前，我决定开始三项全能运动。为三项全能做准备的交叉训练，带来了自然的拉伸－恢复循环。当我某一天跑步，第二天骑自行车或游泳时，我使用了不同的肌肉群，让其他肌肉群有机会休息和恢复。

拉伸－恢复的概念也同样适用于精神健康。情绪电梯的上层楼层，如那些标着好奇／兴趣、灵活／适应、乐观和想象力／创造力的楼层，全都包括了帮助我们拉伸的活动：学习新事物、处理困难的任务及冒专业和个人方面的适当危险。研究表明，这些活动扩展了我们的思维，增加了脑细胞，延缓了晚年脑力衰退。通过冥想来休息也可以影响大脑的功能。

但我们的拉伸时间不能太长，不然会崩溃，因此我们也需要一些方法来恢复心理。有助心理恢复的方法包括睡眠、锻炼和度过某些有益身心的高昂情绪状态，如那些标着感激、欣赏、耐心／谅解和幽默感的状态。

获得充足睡眠

人所能拥有的最重要的恢复机制就是睡上一个好觉。据说美国作家、企业家 E. 约瑟夫·考斯曼（E. Joseph Cossman）曾说过："绝望和希望间最好的桥梁就是一夜好觉。"休息好后，我们感觉更加强壮，更有能力，能更好地表现出自己最聪明的一面。那就是为什么千百年来，日夜的自然交替与活动和睡眠的天然生理节奏循环极大影响了人类社会。然而在我们永不停歇的，每周 7 天、每天 24 小时被网络驱使着的世界里，多数人睡眠严重不足。

睡眠不足不仅令人不快，还与无数健康问题有联系，如肥胖、糖尿病、高血压、中风和心血管疾病。睡眠不足还与酗酒和双向型精神障碍之类的精神失调有紧密联系。事实上，在患有抑郁病的成人中，多达 90% 的人有失眠问题。充足的睡眠对学习、观察力和决策也非常重要。

睡眠不足的人在解决问题、智力测验和考试方面均表现欠佳。研究表明，睡眠不足的对象在智商和情商测试中得分都较低。他们更难有创造性的原创思维，他们对付紧张形势和与人打交道的能力也会受到影响。

科学家尚未弄清睡眠于我们有益的所有方式，但研究成果提供了一些线索。睡眠给身心提供了恢复的时间。当大脑活动减慢，尤其是在非快速眼动（NREM）的深睡眠期，大脑从产生 α 波转为产生有治疗和恢复作用的 δ 波。如果长时间缺乏非快速眼动睡眠，实验对象会出现近似精神病症状，体验到幻觉和妄想型精神分裂思维。

快速眼动（REM）睡眠发挥着不同但同样重要的作用。按马萨诸塞大学心理学教授丽贝卡·斯宾塞（Rebecca Spencer）的说法，快速眼动睡眠激发了大脑的情绪区域，于是"那些在内心深处对你最重要的事情会得到优先考虑"。快速眼动睡眠期间，我们似乎还能处理和组织白天接收的全部有意识和无意识的形象。按照斯宾塞的说法，"快速眼动睡眠有益于解决问题和做出决定，因为你的大脑整合了零碎的信息并尝试新的选择。你会得到清醒时得不到的领悟"。

这也许解释了一个常见的现象，即"将问题留到第二天解决"通常有助于生成解决方案。在一项研究中，实验对象做了一个有潜在规则的游戏：一组对象有机会睡一觉，到次日上午讨论游戏，另一组在上午玩游戏，当天晚些时候进行简短讨论。在那些"睡一觉后再玩"的人中，弄懂秘密规则的人数是对照组的两倍。

森·德莱尼公司在与客户高管团队的文化塑造会议中发现了类似的情形：一天的会议可以说是富有成效，而包括次日上午的回顾和讨论的两天会议通常能促进更大的转变。

如果你也在成百上千万习惯性睡眠不足的人之列，务必优先考虑改变你的睡眠习惯。不再满足于每天只睡五六个小时，重新安排你的日程，让自己可以正常睡上七八个小时。如果有必要，改变你的睡眠环境，使之更利于放松和休息：挂上遮光窗帘，搬走电视电脑，安装隔音材料，设置舒适的温度。

经过一夜好觉后，你在 16 小时内做的事情要远远超过短暂休息和恢复后的 18 到 19 个小时。

锻炼的影响："用进废退"原则

锻炼是一切健康长寿计划的关键组成部分。我培养起对跑步的兴趣是在几十年前，那时我读到肯尼思·库珀（Kenneth Cooper）博士那本名为《有氧运动》（*Aerobics*）的书。库珀第一个普及了有氧运动和心血管健康之间联系的概念。在此之前，卧床休息和静养是给心脏有问题的人经常开出的处方。库珀的座右铭是"用进废退"，数以百计的研究证明了这一主张的正确性。身体不会用坏，反倒会因为不用而生锈。

年轻时，我身体很棒，中学时是棒球队员，大学时是体操运动员，在娱乐篮球联盟打球打到近30岁。随后我忙于创办咨询公司，抚养三个孩子，渐渐减少了锻炼次数。结果，我的体重增加了35磅。

《有氧运动》这本书是对我的一记当头棒喝。它包含库珀设计的用于军队的一个体能自测。测试很简单：以最快速度跑 12 分钟，再根据你的年龄和性别评估结果。我只跑了几个街区身体一侧就开始疼痛，喘不过气来。我知道我的身体不行了，出了问题。于是，我开始正常跑步。

自那以后，大概 50 年前，和电影《阿甘正传》里的阿甘一样，我就一直坚持跑了下来。为了减轻膝盖的压力，几年前，我开始增加了道路自行车和游泳的交叉训练。得益于正常锻炼和健康饮食，我的体重降了下来，并且一直维持着。

达拉斯（Dallas）的库珀诊所（Cooper Clinic）一直深入研究锻炼和心脏疾病之间的联系。那里的研究员证明，即使那些做轻微锻炼的人，得心脏病的概率也比那些不爱活动的人明显要小。

有氧锻炼还有其他巨大的益处。伊利诺伊大学厄巴纳 - 香槟分校（University of Illinois at Urbana-Champaign）心理学教授亚瑟·F.克雷默（Arthur F. Kramer）研究发现，简单的有氧锻炼（如每周三次，每次 45 分钟的快跑）可增加 20% 的记忆力。更令人称奇的是，一年的剧烈锻炼可以给一个 70 岁的人带来 30 岁的智力功能：记忆力改善、计划能力增强、处理不确定事件和同时执行多项任务的能力增长。按照克雷默的说法，"你可以认为身体锻炼改变了分子和细胞的基本单位，它们构成了认知能力的基础"。

如果你感觉身心疲惫，情绪低落，并且在你的情绪电梯底层停留的日子太久，试试让有氧锻炼成为你日常生活的一部分。你体验到的积极效果也许会让你感到惊讶。

有氧训练和其他锻炼

有三种形式的锻炼可以为我所用，其中最重要的是提高心率和具有上节所述所有益处的有氧训练。

第二种是无氧运动，又称力量训练。它也对你的体力和耐力有益。

加强肌肉力量，尤其是那些位于腹部、背部和骨盆及其周围的核心肌肉力量，对提高生活满意度益处多多。锻炼腹部肌肉不仅能防止你的肚子随着年龄增长而膨大，还能保护你的背部，减少将你带到情绪电梯下层的疼痛。

力量训练还可以增加新陈代谢，有利于减肥，并且阻止体重随年龄的增长而增长。因为它增加了骨密度，你可以在没有显著身体限制的情况下从事更剧烈的活动。力量训练似乎还有显著的精神方面的好处。出版在《内部科学文献》（*Archives of Internal Medicine*）上的一项 2001 年的研究发现，每周仅一两次的力量训练，坚持一年即可改善大脑的敏锐程度和认知能力。

第三种或许也是最为人忽视的锻炼形式是伸展。随着年龄增长，关节和肌腱收缩，我们的身体变得越来越僵硬，因此我们也需要将拉伸－恢复模式用在我们的关节和肌腱上。

我经常做伸展运动，驱使我这样做的动机是我脑海里的一幅图像，它描绘了我一旦停止这样做时会发生什么。在家旁边一家购物中心购物时，我有时会看到当地退休社区的老人尝试将车从停车场倒出来。对他们来说，最大的挑战是什么？他们的头转不到能看见后方的程度。那个痛苦的前景刺激我定期伸展颈、背和大腿肌腱。练瑜伽的朋友告诉我，它是一种很好的方法，可以给予身体必要的伸展，还能在一定程度上恢复心理和精神状态。

要从锻炼中获益，从少量开始，但要从现在开始

除了延寿和增强对疾病的抵抗力外，锻炼在心理健康和提高你的情绪电梯调定点方面也发挥着重要作用。

众多生理现象支持这一点。锻炼加速血液流动，增加耐力，让你不易感觉疲劳。锻炼还能产生内啡肽，这类化学物质的作用就像安全、合法的毒品，能给你情绪积极和精力充沛的感觉。实际上，有人综合分析了发表在《美国精神病学杂志》（*American Journal of Psychiatry*）上的关于锻炼可以产生的影响的逾百项研究，总结说，"锻炼增加了心理和生理健康，减轻了压力和焦虑感，增强了认知功能"。

我发现这一点适用于我自己的生活。在我工作前，我哪怕能在清晨跑一会儿步，它也会让我精神振奋，帮助我头脑清醒，

带着新鲜的观点开始新的一天。本书中的许多想法就是我在跑步时想到的。我不确定这些锻炼催生的感悟来自哪里，但它们几乎总是比我在电脑前工作时的想法更有启发，更有趣。

当然，在繁忙的工作当中插进一套锻炼程序可能很难，但别让这一点成为一事无成的借口。短期内，致力于至少一个温和的健身项目。向自己保证会睡上一夜好觉，工作间歇散步10分钟，在你的一天中，一次会议中至少要有一次伸展休息的时间。

所有这些小步骤都将提升你的精神。假以时日，随着那些益处慢慢积累，你也许会发现自己希望抽出更多时间致力于一个更加雄心勃勃的锻炼项目，最后你在情绪电梯上层盘桓的时间也会稳定增长。

选择食物

关于饮食和营养的图书充栋盈车。在这方面，我既没有那些科学知识，也不想与它们争论。但你千万要明白，你吃的食物和你在情绪电梯上的乘坐质量之间有着直接的联系。

美国典型食谱的最大问题在于过度加工和高盐、高脂肪、高糖分，这些会导致体重增加，损害心血管系统，带来心脏疾病、中风、阳痿和其他疾病，让我们变得迟钝，降低我们的生活质量，缩短我们的寿命。而且这些问题不仅局限于一小部分美国人：近三分之一的美国人有肥胖症，近六成美国人超重。

虽然节食对一些人有用，但从长远来看，大部分节食并不可行。我的经验表明，对于健康和体重最佳的饮食方式是找到可作为长期生活习惯——不是短期节食措施——来吃的健康食物。

我自己的健康饮食习惯之路始于我没能通过库珀博士的有氧运动测试那段时间。我的家庭医生为我做定期检查，其中包括血液测试。我的医生不经意地提到我胆固醇偏高，并且建议说："你应该从喝全脂奶改为喝低脂奶。"那还是20世纪70年代，我还不太了解胆固醇和心脏病之间的联系。我查阅了能找到的所有参考资料，开始自学。

我得知饱和脂肪是导致动脉阻塞的特别诱因。这一点，乔恩·N.伦纳德（Jon N. Leonard）、杰克·L.霍弗（Jack L. Hofer）和内森·普里蒂金（Nathan Pritikin）在《长寿：你生命中的前一百年》（*Live Longer Now: The First One Hundred Years of Your Life*）里说得再清楚不过。普里蒂金既非医生，也不是营养学家，而是个工程师。自从得了心脏病后，他对健康问题产生了兴趣。他发现消费脂肪最多的国家得动脉疾病的人最多。经过一段时间，他想出一个与通行医学思想背道而驰的计划，并拿它在朋友和亲戚身上做试验。

1974年，他在加州圣芭芭拉（Santa Barbara）开设了普里蒂金长寿中心（Pritikin Longevity Center）。中心在医治心脏病、糖尿病、关节炎和痛风等疾病方面的成功，普里蒂金连做梦都没有想到。带着降压药来到中心的人之中，85%的人离开中心时扔掉了药物，血压恢复正常。一半 II 型糖尿病人离开时扔掉了胰岛素，逾半数已经计划做心脏搭桥手术的病人离开中心时不再需要做手术。

普里蒂金设计的饮食计划富含全谷物、蔬菜和膳食纤维，总热量中不到 10% 从脂肪摄取。今天，这个基本配方已被美国心脏协会（American Heart Association）这类主流组织吸收，成为减少心血管疾病发生风险方面的基本准则。

对普里蒂金作品的研究促使我减少了饮食中的脂肪，增加了蔬菜、水果和高纤维的全谷物。我后来了解到，饱和脂肪（如动物产品中的）不利于健康，不饱和脂肪（如橄榄油和大麻哈鱼等多脂鱼类中的 omega-3 脂肪酸）则恰恰相反。我还了解到某些浆果所含抗氧化剂的效力。

研究继续指向饮食与疾病之间的联系。联系最大的似乎是动物产品，尤其是红色肉类。哈佛大学公共卫生学院的研究人员对逾 40 万人做了 10 年的追踪研究，于 2010 年发表了一份报告。报告中的数据表明，每天吃两盎司（约合 56 克）的加工肉食（如热狗、烤肉或午餐肉）即可增加 50% 得糖尿病的风险，每天吃四盎司未加工的红色肉类（如汉堡肉饼或牛排）即可增加 20% 得糖尿病的风险。

类似地，美国国立卫生研究院（National Institutes of Health）和美国退休人员协会（AARP）的一项研究发现，吃红色肉类最多者的总死亡率比吃得最少者高 31%。其他研究证实了软饮料中的过多糖分和大部分烘烤食品里的精面所引发的健康问题。糖尿病发病率的上升与高果糖、玉米糖浆之类甜味剂的过多使用和肥胖症的增多有直接关联。

所有这些信息指导我建立了一些简单的准则，我遵循这些准则来获得精力、长寿和控制体重。我努力避免或限制脂肪和糖分：

来自奶制品、加工肉食或红色肉类和大部分加工食品所含不良食用油（饱和脂肪或反式脂肪酸）的饱和脂肪。

糕点、甜食、软饮料、精面和大部分果汁中含有的简单碳水化合物和人造糖分。

下面是我经常大量摄取的：

蔬菜、水果和杏仁、核桃之类坚果。

主要来自豆科植物（蚕豆和小扁豆）和其他如大豆等植物产品的蛋白质。身体需要更多蛋白质时，我就用以植物为基础的蛋白质粉补品。至于肉类，我选择鱼，如捕捞的大麻哈鱼或金枪鱼。

合适的食用油，特别是富含 omega-3 脂肪酸的食用油。

来自蔬菜及糙米、燕麦和全麦等谷物的纤维。

抗氧化剂，如蓝莓、巴西莓和石榴汁中含有的抗氧化剂。

水，同时限制果汁摄入，不喝软饮料。

我花了相当长时间制定和执行这些准则。我放弃了一些我喜欢的食物，选择一些我认为能作为一种长期生活方式、可赖以维生的食物。这里的关键是不断提高对正确和不当食品的意识。这样做的结果是选出更多正确类型的食物，避免有害食品。假以时日，健康食品就成了我的最爱和生活方式。

我深知吃什么关系重大。20 世纪 70 年代，我的医生说我胆固醇偏高（当时为 220[mg/dL（毫克／分升），低于 200 正常，200—240 偏高，240 以上高风险。——译注]），最近值为

150。我的 LDL（低密度脂蛋白，即"坏"胆固醇）和甘油三酸酯很低，HDL（高密度脂蛋白，即"好"胆固醇）和其他有益的血液指标很高。大约 10 年前，在我 70 岁时，我参加了我的第一个短距离三项全能比赛。我现在每年大约参加六次三项全能赛，大部分情况下我是 80 岁以上年龄组的唯一运动员。

我相信，是我的健康饮食和正常锻炼才让这些成为可能。这一结合还帮助我在情绪电梯上层停留的时间更长。我希望你会尝试走上自己的健康之路。你会为此而感到庆幸。

B1↓

↑28

↑32

第十章

让你的大脑冷静下来

B2↓

↑17

↑35

让头脑冷静下来，灵魂就会发声。

——玛·贾雅（Ma Jaya Sati Bhagavati）

在第九章里，我们审视了作为健身基本原则的拉伸－恢复循环的重要性，它也适用于大脑、情绪和精神健康。要生活在情绪电梯上层，我们需要培养出将大脑从忙碌转换到冷静的能力，这一点至关重要。担忧和愤怒这类情绪电梯低层思维的特性是狂乱而反复的。而在情绪电梯的最高状态——感激——下人几乎没有什么想法，只有一种很舒适的平静感觉。这种平静状态让你的身心都会得到休息，从日常生活的紧张中恢复过来。但在我们由数字和宽带驱动的世界里，做到这一点正变得越来越困难——信息对着我们狂轰滥炸，要求我们时刻关注，分散了我们的注意力。

最近，我遇到一位CEO，他说当他发送一条信息或一封邮件给他高级团队里的某个人时，他期望他们在 30 分钟内回复。这条规则每周 7 天、每天 24 小时适用。虽然这是个极端的例子，但不管与工作有关的信息什么时候到来，越来越多的人确实感觉到回复它们的必要性。结果，夜晚、周末、节假日再也不是恢复大脑、消遣和放松的时刻，反而经常会成为压力和焦虑的时刻。它们仅仅是延长了你的工作周，不能让你从工作中彻底恢复。

让时间成为"此时此地"

　　高质量的思维在感觉上不同于低质量思维。在更高的情绪状态下，我们的思维更宁静、更流畅、更清楚、更放松，感激、爱、宁静及和平等感觉几乎招之即来。以一种你可能会称为天性的状态，维持那些感觉一段时间，会极大地增进我们的情绪和心理健康。

　　想想你上次处于这样一种天性状态的时刻。也许在那一刻，你完全沉醉在自然美景中，为一个孩子纯粹的爱而快乐，为一段辉煌的音乐而激动，或者为别人对你的慷慨和原谅之举而感动。在这样的时刻，你的大脑平和宁静，思绪波澜不惊。生活给人的感觉就像是一条自由流淌的河流。当我们的注意力完全集中在"此时此刻"时，即使水流在我们的情绪下方淌过，它的表面依然是平静透亮的。

相比之下，当你处在情绪电梯下层时，你的思维是忙乱的、乌云密布的、不清晰的。你通常会陷入担忧、愤怒、不安、批评等情绪的旋涡，被它们裹挟而下。学会识别和抚平那些情绪旋涡能帮助你释放生活中的压力。

两种技术帮助我达到那种更加安静的思想状态。其中之一是划分我的工作和休息时间。

其实，我的生活和大部分人一样忙碌，一样压力山大。那意味着我会经常在夜里、周末或假期把一些工作带回家。有时候，即使说起来"不在工作"，我也需要回复公司或顾客发来的紧急信息。

但这可以通过努力，确保自己不是全部时间都把心放在工作上，我努力使这些压力对心理和精神状态的影响降到最低。我留出时间给那个"此刻"，给我在意的人和活动。我刻意培养自己心绪宁静地完全活在那一刻的能力。当然，这对我来说是个挑战，对你可能也是。大部分人太过沉浸在自己的想法里，以至于生命中的一些特别时刻从我们身边溜走。你有没有经历过一个大脑从未关闭的休息日？你有没有度过一个身体去了，心却没去的假期？你有没有曾经与一个心爱的人在一起，却发现你的心思和挂念却远在千里之外？这些都是不在此时此刻的例子。它们也是失去休息、恢复和与人建立更深层联系的机会。

这不是什么新问题。许多哲学和宗教教条宣扬快乐是通过活在此时此地获得的。现代科学也证实了这个古老的真理。在一篇名为《心不在焉的大脑不是快乐的大脑》的文章中，心理学家马修·基林斯沃斯（Matthew Killingsworth）和丹尼尔·吉尔伯特（Daniel Gilbert）描述了他们对真实世界中一个心不在焉的大脑和快乐之间关系的研究。他们为 iPhone 开发了一个网络应用，因此得以对来自 83 个国家的大约 5000 人的情绪状态、活动和心态进行随机取样。他们发现，大部分研究对象花费至少一半时间用来考虑他们直接环境以外的事情，而且大部分这些想法没有给他们带来快乐。

知道自己和其他人一样容易陷入这个倾向，于是我有意识地努力去对抗它。分割注意力的实用措施对我很有帮助。我在儿子的排球赛期间、大部分夜晚及大段周末和休假时关掉了智能电话。不在办公室时，我留出一小段时间处理邮件，但随后我就切断了我所有的电子连接，也不再想着工作。这样做，我不仅获得了恢复时间，还得到与亲密的人在一起的更多快乐时光。

呼吸对冷静的作用

我们都需要宁静、专注的时刻，要想获得那样的时刻，我采用的第二种做法是一个快速简单的方式，它能在繁忙的一天中让大脑冷静下来。我只是停下来，深吸一口气，呼出，同时告诉自己：此时此地。这个做法有凝神静思的效果，至少在那一刻是这样的。在我从一个会议走向另一个，或者夜里到家打开门之前，它的效果好得出奇。

当然，我不是唯一一个发现呼吸对思维状态有奇妙影响的。冷静属于副交感神经系统，研究表明，缓慢深长的呼吸以某种方式触发了这个系统。

我一开始了解呼吸的魔力是在读到哈佛医学院的赫伯特·本森（Herbert Benson）的《放松反应》（*The Relaxation Response*）一书时。本森研究了东方的冥想实践，发现在放松的状态下，每次呼气时重复一个特定的词或短语即可具有冷静大脑的效果。佛教徒或迪帕克·乔普拉（Deepak Chopra）的追随者会用一个类似"so hum"的咒语，但本森发现，呼气时重复不带感情的词"一"也有类似效果。他通过研究证实，同样的做法降低了心率和血压。

我自己证明了这一点，我安静时的心率从平时60次每分钟降到46次，血压降到比平时低二三十个点的90/50。多年来，我以自己的方式应用了本森的各种放松反应技术及其变种，在大部分时间里，我都能平静地、充满感激地开始新的一天。

最近，我结识了作家兼心理学家约翰·塞尔比（John Selby），他也指出了呼吸的功效，但有一个区别。在《冷静你的大脑》（*Quiet Your Mind*）中，塞尔比的理论是，如果你让大脑执行两项或两项以上的任务，它就不能游移不定，结果就会有一个更安静的大脑。在具体的做法上，他建议在经鼻呼吸的同时注意气息的进出。如果那还不足以平静你的大脑，第二件同时要做的事就是注意你胸腹的起伏。同时做这些事情要求集中注意力，让你很难想到其他更复杂的事情上去，结果就会让你有一个平静的大脑。

在忙碌的一天中，只要感觉到自己情绪激动、过于紧张或陷入令人分心的焦虑和担心中，我就会做几次深呼吸。这是个简单有效的方法，它能帮助我在几秒钟内平静下来。试试我介绍的一两种方法，看看它们对你有没有用。

B1↓

↑28

↑32

第十一章

培养感激之情

B2↓

↑17

↑35

感恩于言是礼貌又令人愉悦的，感恩于行是慷慨而又高尚的，而若能怀着一颗感恩之心去生活，那便是触到了天堂。

——约翰尼斯·A.盖特纳（Johannes A. Gaertner）

我最近在 YouTube 上看了一个名为《语言的力量》（*The Power of Words*）的视频，有超过 2500 万人看过它。视频中，一个男人坐在城市道路的人行道旁，身边放着一个收钱罐，上面的牌子写着："我是瞎子，请帮帮我。"行人来来往往，但投钱者寥寥。

这时来了一个女人。她看了看男人的牌子，想了一会儿，把它翻了过来，在上面重新写了一段话。

几乎顷刻之间，投到罐子里的钱突然大大增多。瞎子听着硬币"叮叮当当"落到脚下和罐子里，既疑惑，又惊讶。晚些时候，女人回来时，男人问她："你在我的牌子上写了什么？"

她回答说："我写的和你的意思一样，只是用词不同。"

这时视频上出现了新写的牌子："多美丽的一天，可是我看不到。"

那段小视频激起我心中的强烈情绪。在那条新信息里，是什么让众多路人慷慨解囊？那是感激的力量。这是我们每个人都可以体验的感觉，但在每天的匆忙之中，我们经常忽视了。看到那块牌子的人想到了视力的奇迹，突然意识到自己有多幸运，怀着感激之情，他们打开心扉，将慷慨施予一个比自己不幸的人。

想想自己有多幸运不仅是一句老生常谈，还是正确看待现实生活的一种美好的方式。

怀着感激看世界

常常有人问我，为什么感激一词会出现在情绪电梯图的最顶层。原因不一而足。

我们可以将感激称作压倒一切的情绪。你几乎不可能在愤怒、抑郁、焦虑或自以为是的同时心怀感激。伴随感激而来的是平静、温暖和快乐的感觉，它压倒了急躁、沮丧和愤怒。因为感激是一种将我们与更高层情绪联系起来的情绪，它帮助我们觉得自己更有目标，更关注眼前，更关心身边的人。并且因为感激更关注的是他人而非自己，它带我们超越妒忌之类的低层情绪状态，让我们摆脱无力感或委屈感。

最重要的是，感激是关于看法的，是关于理解现实生活和由它所带来的一切的。

想一想：你在读这本书，这意味着你正在花时间思考自我实现——最大限度地发挥你的潜力和才能，尽可能让自己活得充实、有价值、有意义。实际上，那意味着你不用关心温饱，不用担心无家可归。换句话说，你已经拥有了许多。你属于人类中那幸运的一部分，不是在勉力维生，而是能够或多或少将生活必需品——食物、衣服和住所——看成必然。成百上千万同类可没你这么幸运，并且这些人不仅在发展中国家，在你的家门口就有。

如果你看过一个无家可归的人推着装了全部家当的购物车从街上走过，或是一个发展中国家的孩子追着游客乞讨一两毛钱，或是一个逃离战火的难民家庭绝望地请求过境进入一片和平的土地，那么不管每天可能会面对什么样的挑战，你我都知道我们有多么幸运。

那是否意味着每天早上醒来，我们都自然而然地充满感激？可惜不是这样的。这就是想法的问题了。

如果我们只是盯着自己没有的或不喜欢的，我们不会对生活感到满意。我们会坐上情绪电梯飞速直下，并且停留在下面。大部分低层情绪状态代表我们从错误角度看待问题的时刻。当我们忽视生活中的美好事物时，我们不喜欢的事情可以无限放大，进而毁掉我们。

相反，如果我们选择感激拥有的一切，我们可以体验到圆满、充实和有价值的生活。至少，我们可以感激生命本身。拥有意识和能体验到身边的世界，这就是我们通常忽视的一笔财富，就像那个视频中的路人，直到翻转的牌子提醒，他们才意识到视力的价值。

如同生活中的许多其他方面一样，感激和感恩是一个选择的问题。怀着感激的心态看世界是克服生活逆境的一种有效方法。想想让你觉得感激的事情——不管是什么——你就可以从坏情绪中脱身而出，进入更高的情绪层次。感激是你永远可以用上的情绪电梯"快速上升按钮"。

感激的益处

以感激的眼光看世界可以将你从情绪电梯底层带到顶层，但感激不仅仅是关于良好感觉的。大量的证据表明，培养以感激来思考生活的习惯具有极大的心理和情绪益处。

史蒂芬·波斯特（Stephen Post）是克利夫兰（Cleveland）凯斯西储大学（Case Western Reserve University）医学院生物伦理学的研究员、教授。波斯特组织了一个研究团队，专门考查和度量爱与其他积极、关怀情绪的影响。他的研究表明，与爱有关的品质如感激等，至少以四种不同的方式促进了我们的身体健康：

感激提高免疫力。每天花15分钟专注那些令你感激的事物，将大大增加你体内的自然抗体，增强你对疾病的免疫力。

感激让你平静。感激的心态引起一种名为谐振的身体状态，它与更健康的血压和心率有联系。

感激让你强壮。照料他人（父母或生病的亲人）会消耗你的精力，但心怀感激的照料者比敷衍了事者更健康、更有活力、更能干。

感激有助于康复。心怀感激态度的器官捐赠接受者从手术中恢复得更快。

波斯特不是唯一一个发现感激在进健康方面有效力的研究员。加利福尼亚大学戴维斯分校（University of California, Davis）心理学教授罗伯特·A.埃蒙斯（Robert A. Emmons）的研究指出，"心怀感激的人关心自己的健康，更喜欢从事有利于健康的活动，如经常锻炼、健康饮食，常规体验"。埃蒙斯还发现，心怀感激的人通常都更乐观，这是一个有助于改善免疫系统的特征。

另一个有趣而且富有启发性的研究项目名为"感激的特征和前景"，由约翰·邓普顿基金会（John Templeton Foundation）赞助，埃蒙斯主持。研究发现，记录表达感激的日记的人从中受益良多。他们更经常地锻炼，报告的身体症状更少，对总体的生活状态感觉更好，面临生活难题时更乐观，在工作和生活目标方面进步更大。

加利福尼亚大学河滨分校（University of California, Riverside）的心理学教授索尼娅·柳博米尔斯基（Sonja Lyubomirsky）的《幸福有方法》（*The How of Happiness: A New Approach to Getting the Life You Want*）一书关注了感激背后的作用机制。她列出了有助提高你幸福调定点的活动：

表达感激

培养乐观精神

避免社会比较

行善举

培养人际关系

原谅他人

追求"心流"体验

品尝生活的愉悦

追求精神成长

参加锻炼和其他有益健康的活动

麻省总医院（Massachusetts General Hospital）本森 - 亨利身心医学研究所（Benson-Henry Institute for Mind Body Medicine）所长格雷戈里·L.弗里基奥内（Gregory L. Fricchione）博士总结了这些和另外一些研究，称它们构成了"一轮正横扫心理学领域并且证明积极感觉对身体健康具有促进作用的研究"。用弗里基奥内的话来说，感激与几个最重要的大脑情绪调节器官有联系，这有助于解释"为什么认识到并且欣赏生活中的美好事物时，你的感觉会更好"。

总结：如果你想更快乐，那就忘掉成就或财产会带来幸福的鬼话。相反，专注那些能培养感激之情的活动，感激你已经拥有的幸福。

学会感激

情绪电梯所有上方楼层通常都伴着宁静，感激也不例外。一个繁忙的大脑很难甚至不可能怀着感激。这就是为什么感激之情经常与祈祷或冥想联系在一起，两者都让大脑冷静下来，并且为你打开更广阔、更丰富的生活视角。

学会感激与私人体验有很大关系。与学习乘坐情绪电梯一样，感激也需要通过试错来自学。就像学骑自行车：别人可以教你怎么做，但你得自己去体会。

下面几个做法有助于长期维持感激的心态：

记者黛博拉·诺维尔（Deborah Norville）在其《感恩的力量》（*Thank You Power*）一书中建议，以记日记的方式来记录和反思让你觉得值得感激的事物。

马丁·塞利格曼（Martin Seligman）在其《持续的幸福》（*Flourish*）一书中描述了他称为"三件好事"的练习：每天回想一次让你精神振奋的三件小事。它们可以简单到一顿好饭、爱人的一个拥抱或伴你入眠的一只柔软的枕头。

醒来的前几分钟，我用第十章讨论的呼吸方法使我的大脑得到冷静，再花几分钟想想生活中令我感激的事物。夜里入睡前，我也会应用一个类似的步骤。

对一天中发生的那些提醒我要感激的事情，我努力做到随时关注和保持敏感。例如，我的一个孩子表达的爱，不管是以一个拥抱、一纸便条，还是一条短信的形式。

家庭仪式可以培养你的感恩意识。许多家庭会在感恩节宴会上轮流表达感激。我们家将此变成每日晚餐上的仪式。简短的餐前祈祷后，桌旁的每个人就开始分享当天让他们感觉良好的事情。这个仪式唤起了感激之情和家人间的亲密联系。

我们家偶尔还会在饭桌上表达"你让我欣赏的是什么"，每个人说一件另一位家庭成员值得欣赏的事。

据说每30个对他人的良好看法中，我们能说出来的只有一个。慷慨地说出对身边人的欣赏，养成这个习惯有助于建立良好的人际关系，并且让施受双方都感到愉悦。

面临逆境时也需要感激

　　与你可能的假设相反，感激并非专属于那些在生活中幸运的人。许多人满怀感激地面对重大逆境，例如，在经历一次生死攸关的事件后感恩自己还活着。经历了接近死亡的体验或其他创伤后才意识到活着的可贵，在某种程度上可谓不幸。但在陷入日常生活困境时，我们很容易无法看清什么是最重要的。当逆境促使我们重新意识到平淡生活中的美好和奇迹时，逆境何尝不是塞翁失马。

　　你也许认识某个在渡过难关后开始或重新以感激眼光看世界的人。我的亲戚西比尔自战胜乳腺癌之后，心情变得更加轻松，对生活中的小事充满感激之情。与她经历的灾难相比，任何别的事都成了"小事"。

　　感激视角可以成为我们对付生活逆境的强大工具之一。

正如我们已经看到的，生活在情绪电梯上层能帮助你发挥出最大能力，更容易找到应对艰巨挑战的创造性解决方案。

2000年，我同时面临着三个大的生活挑战，需要发挥出我的最佳状态。

互联网泡沫结束之际，许多咨询公司都在以合并来谋取更大的规模和业务能力。身陷这场狂热中，森·德莱尼公司通过股票交换与一家大公司合并。不幸的是，我们的合并伙伴几乎立即就垮台了。我们失去了对业务的控制和我们25年来累积的大部分价值。因为森·德莱尼公司依然经营良好，我们的资源被抽取出一部分用于资助那家大公司的生存。我们需要设法买回公司，但我知道那将是一场苦战。

就在我们准备迎接那个挑战时，我被诊断出囊性听神经瘤。这种快速生长的肿瘤长在连接耳朵和大脑的神经上，切除手术相当危险。实际上，我听说如果手术刀再歪一点点，我的整个左脸就会瘫痪，对一个有时要靠对一群人讲话来维生的人来说，这可不是个好消息。并且即使手术成功，我也可能会失去左耳听力。

就在我竭力迎接这两记重击时，妻子从医生那里回家，宣布她怀孕了。这是我们一直盼望并为之祈祷的，但却没指望真的会有，因为贝尔纳黛特已经50多岁了，我也已经60多了。以我的年龄而言，面对如此急剧的生活变化，同时还要面对另外两个挑战，前景令人感到不安。

我认识到，这将是对我一直研究和传授的原则的一次大考验。我知道，停留在情绪电梯下层——担心、沮丧、压力和埋怨——不会给我带来应对这些挑战所需的智慧和见解。那么，我该如何走出这种低沉的情绪状态呢？

我刻意努力以感激的眼光看待它们。我有意识地努力摆脱自怜自艾的情绪，代之以专注于生活中依然值得我感激的全部幸事。

确实，我的生意正面临着重大组织挑战，但依然有利可图，我与客户公司及其管理人员的合作依然有趣而充实。

确实，增加一个新的家庭成员，尤其是在这样压力重重的情况下，会是一个艰难的调整。但我们是相亲相爱、互相支持的一家人，即将到来的这个孩子正是我们长期以来一直祈求的天赐礼物。

这些更高质量的思考帮我获得了面临考验时所需的智慧。

我和同事们想到了一个买回森·德莱尼公司的新办法，今天，我们的公司比以往更有实力，更加成功。

一个包括我儿子达林在内的团队经过研究，找到了保持全世界最好记录的做我这类手术的医生，并且将我设法列入他排得满满的日程表。人们自发形成了数百人的祈祷团，我很平静地进入了手术室。切除脑瘤的手术获得了成功。甚至手术的负面影响——失去的左耳听力——最后也成为塞翁失马之福。我发现，在倾听周围人说话时，我被迫集中注意力，成了一个好听众。

最终，作为点睛之笔，贝尔纳黛特生了个健康快乐的儿子，给全家人带来了欢乐。

再一次，我发现对情绪电梯的理解可以帮助我应对任何挑战。我从那困难的一年中学到的最大经验，就是感激我所拥有的有多么重要。我不会将生活看成理所应得，也不指望它会十全十美。

无条件的感激：一个值得努力的目标

无条件的爱是父母对子女的爱，或者极其虔诚的人对信仰的爱。不管形势如何变化，这样的爱永不褪色。

虽然我不知道能不能完全实现，但我渴望达到那种可称作无条件感激的状态。这种感激形式的基础不是我生活中应该感激的那些事：我爱的人、我做的工作、我拥有的健康身体等，而是生活本身，不管它是好还是坏。

我觉得我已经偶然体验到了无条件的感激。它通常表现出来的形式是感觉，不是有意识的思考，而是深刻的幸福感，与之相联系的就是，我是某个比自己本身更伟大、更重要事物的一部分的意识。对许多人来说，无条件的感激中有一个精神方面的特征：知道有一个更伟大的智慧存在，并且渴望更深刻地理解它，与它相连。从那个角度看，无条件感激也可称作蒙受天恩——出于非明显原因赐予我们的价值连城的礼物。

似乎有一些不寻常的人类体验，更容易使我们达到这种无条件感激的状态。

宇航员在地球上方150到250英里（约合240到400公里）飞行时，他们得到了少有人能感悟到的人生观。他们看到地球大气层多么稀薄脆弱，海洋多么广袤，人类居住的大陆多么微小，以及人类对雨林之类地区的破坏是多么严重。他们还看到，我们的星球是一个飘荡在无尽空间的孤零零的小物体，我们为之争夺的政治边界完全是人为的，根本看不到踪迹。

结果，许多宇航员回到地面后，观点有了深刻的改变。他们感觉似乎看到了一幅更大的图画，认识到我们每天应付的困难是多么微不足道，认识到维持我们生存、将我们联系在一起的恩典有多么隆重。一些人认识到人类战争的愚蠢和我们忍受的政治与社会分裂的罪恶，从而接受了和平主义。

我也拥有许多值得我感激的事物，但和大部分人一样，我也只是间或到访情绪电梯的感激楼层，并没在那里长住下来。但知道它在那里，我可以到达那里，那就是丰富我整个生命的一块奇妙的试金石。

B1↓

↑28

↑32

第十二章

尊重各自不同的现实

B2↓

↑17

↑35

所有思想家的思想大体相同。要是让他们进入彼此的大脑，看到那里的风景与自己的有多么不同，他们也许会惊讶到无以复加。

——威廉·詹姆斯（William James）

人人都熟悉那句俗话：眼见为实。但你的生活阅历越丰富，越会发现这句话不对。眼睛实在是太容易欺骗我们了。

对此事实的一个有力证明是，因为错误目击证词而冤枉获罪的人数多得令人惊讶。近几年来，依据确凿无疑的 DNA 测试结果，数以百计被定罪的重刑犯获释。根据目击者的描述——目击者确信正确，但实际完全错误的现实版本——一些人无辜入狱数十年。

2011 年的一个案子中，一名男子在洛杉矶道奇队（Dodgers）的一场棒球赛后，痛打一位旧金山巨人队（San Francisco Giants）的球迷，把他打到昏迷，激怒了整个城市。

洛杉矶警察局长信誓旦旦地宣称该警局已经抓到了那名男子。逮捕依据的是看似可靠的目击者的指认。但几周后，受指控的攻击者证明他当时不在现场，警察局长被迫道歉。那个无辜男子获释后，真正的凶手才最终落网。

在犯罪案件中，眼见非实可能会带来致命后果。但同样的事实也可以每天在大小事务上影响我们。你有没有过多年受某件事驱使，也许直到别人向你指出后你才察觉的经历？你有没有遇过这样的事，你确定自己把车钥匙放在某地，却在别的地方找到？你有没有记得某件事情怎样发生，最后却意外发现另一名目击者记得的却是截然不同的情况的情形？

如果所有这些经历听上去很熟悉，那不是因为你通常太随意或心不在焉，而是因为人本身就是那样。我们都有影响我们所见和所不见的盲点。认识和接受这一点是更体谅、更理智地与人打交道的一个重要步骤。

我们生活在不同的现实中

对任何话题，两个人罕有完全相同的想法。在那种意义上，我们生活在不同的现实中。

一个小例子。在我妻子看来，《橘子郡娇妻》（*The Real Housewives of Orange County*）是个很吸引人的电视节目，它提供了一些观察某些有趣人物生活的独特视角，帮她认识到，与荧屏上描绘的那些不和谐关系相比，我们的关系是多么融洽。

我实在不敢苟同。我发现这个节目令人恶心，完全没有任何治愈效果。我难以想象为什么会有人想看它，更不用说像我的妻子贝尔纳黛特这样聪明而有思想的人。

那么，谁关于《橘子郡娇妻》的看法是对的呢？贝尔纳黛特对节目的看法是"对"还是"错"？实际上这是个没有意义的问题，因为我们对节目的判断纯属私人的、主观的，依据的是非常私人化的品位、兴趣和价值观，这些不可避免地表现出人与人间的差异，你无法声称谁对谁错。

当然，那不能阻止我确信我对《橘子郡娇妻》的看法为"对"，并且在这件事上，贝尔纳黛特一点都不理智！而且我确信她对我也有同感。

对自己主观判断的信心是人们另一个难以躲避的副产品。我们每个人都有以过往思维习惯为基础的强大过滤器。父母影响、抚养方式、宗教训练、教育、生活经历和我们生活的社会背景形成了我们的思维习惯。我们的思维完全由这些独特力量塑造而成，几乎不可能以其他方式看待事物。因此，在生活中，我们确信自己的品位、偏好和判断是"对的"，同理，罪行目击证人也确信他们的证词是准确的。

在问题仅仅事关电视节目的喜好时，两人之间因为不同世界观而产生的不可避免的冲突也许无关紧要。但如果问题是政治、宗教、家庭财务、商业策略或其他重要事务，严重不和就可能产生，如果任其发展，它就会威胁到我们关系的稳定。在世界舞台上，集团和社会间的仇恨，甚至国家之间爆发战争的原因就是没能认识和尊重各自世界观的差异。

事情有时不是我们所看到的样子，别人看问题的眼光肯定与我们不同；我们的背景和经历决定了我们的观点和判断，别人也是一样；事关看法和观点时，一般说不上谁"对"谁"错"。如果我们能记住这些生活道理，许多无谓的冲突也就可以避免。简言之，每个人都生活在不同的现实里，我们作为成年人，唯一理性的做法就是尊重这些现实。

根据这些道理，健康的人际关系和积极人生态度的一个基本要求是，在与别人意见相左时保持谦卑的态度，尽力避免批评和自以为是的自然倾向。

当然，在有些情况下，对错之间的明确界限非常重要，必须得到尊重。明显的不公、残暴、导致暴力行为的仇恨，这类事情确实是罪恶，必须抵制。但日常生活中的绝大部分冲突还不至于到那种程度。一般争议鲜有非黑即白，更常见的情况是各种灰色地带，谦卑和乐于接受不同观点在这些情况下显得尤为必要。

对自己的看法过于自信，因而过度评判和自以为是，这种心态会产生一系列的负面影响。如果标着评判／责备的情绪电梯楼层成为你的不健康常态，你的生活体验将会受到不良影响。你会更好斗、更焦虑和烦恼，更多时间感觉到愤怒和戒备。对不同现实的理解缺失将导致你在生活和工作中与他人之间的无谓冲突。

你也很可能会进步更小、学到更少、发现更少。因为你自比万事通，你会越来越不愿考虑新思想和看待事物的新方法，这意味着随着时间的流逝，你看世界的眼光将会越来越狭隘。

学会理解别人的看法

　　过于坚持自己观点的正确性带来的是狭隘和消极态度，避免这一点的最佳方式是培养好奇心。（你应该还记得我们在第五章讨论过好奇作为情绪电梯刹车的重要性。）遇到你不认同的人和想法时，不要去标着评判／责备或自以为是的情绪电梯楼层，而是要去好奇／兴趣那一层。自问：他们的想法是什么？他们为什么会那么看问题？他们的背景、经历或教育如何决定他们的世界观，以至他们理解的事情我无法理解？

　　千万不要让"真相是什么？谁对谁错？"这样的问题来误导你。不要从"真相"方面去思考，而要去考虑观点、不同的现实。接受那个事实，即，每个故事都有多个版本，每个问题都有许多答案，每个难题都有无数种解决方式。记住你有盲点，每个人都会有，不带偏见地倾听他人的见解，你永远都会有新的收获。

另外，表达你自己的观点时，试着去改变你的语言，语气不要那么固执和确定。让别人清楚，你说的话反映了你的个人观点，而非向别人和自己暗示你掌握着绝对真理。下面几个很有用的修饰语可以让你更温和地表达自己的观点：

"在我看来……"

"依拙见……"

"以我的观点来看……"

"我想……"（对"我知道……"）

"如果我没弄错的话……"

"我也许说得不对，但……"

最终，与本书里的其他指标一样，以你自己的感觉为指南。当我们对自己的意见和观点过于确信时，我们经常体验到对别人的不耐烦、戒备、评判和自以为是这类感觉。熟悉这些情绪，在它们露头时及时认出来。它们是一种标志，表明你停止了倾听和学习，将他人的意见和改进的机会拒之门外。在这种情况发生时，闭上嘴巴，静静地坐下来，深吸一口气，尝试转移到好奇和感兴趣的情绪。

在我的第二场婚姻初期，我所面临的最大挑战是如何与我的幼子相处。我一心想让他们知道我有多么需要他们，爱他们，结果我却成了个软心肠的父亲，经常无法给他们设定合理的准则。贝尔纳黛特也爱孩子，但她希望帮我把他们培养成负责任、有能力的人，可以照顾自己并且为家庭生活做出贡献的人。

有一段时间，我把这一分歧当成大是大非的问题来处理。并且只要我从这个角度看这一问题，贝尔纳黛特提出的每个建议都会触发我的情绪反应。我长时间处于戒备、评判和焦虑的情绪中。

只有在双方都理解并接受我们在抚养孩子上的不同观点后，我们才能综合双方的想法，发展出双方都能接受的结合两种方式优点的抚养方法。

大部分情况下，我们自以为是的真理只是我们的观点，只要理解了这一点，我们就可以拥有更健康的关系。作家兼教育家史蒂芬·科维（Stephen Covey）有个聪明的说法："理解，然后被理解。"

通过正面动机推定来避免互相责备

几年前，我在我家当地机场正准备登机。我一手拿手提包，一手拿着奥兰治县（Orange County）版《洛杉矶时报》（*Los Angeles Times*）。我在报上看到一篇似乎特别有趣的专题文章，便迫不及待地想坐下来读它。

找到座位后，我放下报纸，到头顶行李舱找到空位。放好包后，座位上的报纸却不见了，而且我很快注意到旁边座位上的人正在读那份《洛杉矶时报》。

我的情绪立即低落到烦恼／焦虑和评判／责备的楼层。我的脑海里翻腾着这样的想法：那个大胆的家伙，自说自话看起了我的报纸！还是在我自己也着急要读的时候。但在掉到更低的自以为是和愤怒／敌意的楼层前，我深吸了一口气，提醒自己不要为小事而烦恼，接着坐了下来。坐下以后，我一眼看到我的那份报纸落在了座位下面。旁边那个人读的是他自己的《洛杉矶时报》。

他原来是个很好的人，我们在路上愉快地谈论了吸引我注意力的那篇文章。

即使是在很少或没有证据支持的情况下，我们的大脑那么快就开始责备他人，对别人言行的动机妄加揣测，那不是很值得玩味吗？确实，人有时会做错事，但在许多情况下，一件看上去刻意为之的坏事——自私、不诚实或卑鄙的举动——实际上却是误解、小疏忽或一个无心的错误。报纸的这个故事只是个有趣的小例子，但推定意图错误的例子已经导致了离婚、诉讼、荒废的事业、政治纷争甚至是战争。

有时候，就像我飞机上的同座例子一样，我们责怪的人一点儿错事也没有做。还有些时候，他们也许做过被我们责怪的事，但情有可原的形势大大降低了他们的过错程度。

我听过一个故事。一个热爱自然的环保主义者去约塞米蒂国家公园（Yosemite National Park）。他在一个宿营区附近的停车场停下车，看到一个女人把一袋垃圾扔在垃圾筒边的地上。看到这样草率的举动，他非常恼火，赶紧跳出汽车，跑过去准备发泄一通，却发现女人拿着一根红白相间的拐杖。原来她是个盲人，好不容易找到了垃圾筒，她为此很骄傲，谁知却意外地扔歪了。

有多少将我们赶到情绪电梯评判 / 责备楼层的事情与类似粗心大意的错误有关？驾驶员在高速路上变道的时候妨碍了别的车行驶，因为他们没意识到其他的车辆有多近。一个工作项目没有及时完成，因为一份订购单寄丢了，一次重要的采购送货延迟了。一个信口说出的关于"恼人的姻亲"的办公室笑话被另一个人看成是冷血麻木的评论，因为后者深爱的公公在长期卧病后刚刚去世，而她那个开玩笑的同事却并不知情。

我们都说过或做过让我们遗憾的事，尤其是在我们陷入低水平思维的时候。处在诸如担心 / 忧虑、戒备 / 不安或压力 / 疲倦这类低落情绪状态时，我们会失去我们的一些情绪智力。我们也许会在社交上变得笨拙，注意不到自己对别人的影响。问题是，那些受到我们犯下的错误影响的人有没有那种智慧去理解背后的原因，并且对这一经历付之一笑？或者他们会不会把它看成是针对个人，说不定将一个小误解升级为一场激烈的持续冲突？

有一次出差，因为飞机晚点太久，我很晚才到酒店。接待我的是我见过的脾气最坏、最不友善的接待员。在错误地声称我没有预订后，他一边不情愿地给我登记，一边不停地抱怨天气、城市和需要工作到这么晚。我对这些一点儿兴趣都没有，只想登记完进我的房间。

本来我应该恼火地告诉他"做你的事，别来烦我"，但因为我不太确定的某种原因，怀着一丝同情，我乘着情绪电梯上了几层，来到耐心／谅解那一层。我觉得这个生活似乎一团糟的人太可怜了。跟他相比，我的生活让我心怀感激，我也感激让我充分享受生活的那份理解。最后，我同情起那个过了如此糟糕一天的接待员。"这很不容易，"我对他说，"我也讨厌这么晚了还要工作。"

接待员的态度立刻就变了。他微笑着把房间钥匙交给我，并祝我在他的城市访问成功。最重要的是，这次遭遇没有破坏这个夜晚。相反，它又一次用事实表明，致力于生活在情绪电梯上层是如何让你的生活变得更美好的。

重新开始

有冲突的观点、评判和责备之类问题并非仅仅出现在私人关系中，许多商业公司也面临着同样的问题。那就是为什么作为我们公司培训过程的一部分，森·德莱尼敦促领导团队在队友中采用正面动机推定的原因。这种做法的一个方式是考虑我们所说的重新开始。这种方式将过往的冲突、误解或不信任一笔抹消，走向一个充满希望的美好未来。

让这支队伍更深刻理解和体会到思维和情绪电梯的作用后，我们提醒他们，过去发生的一切现在只存在于记忆中。因此在纠正过去发生的摩擦或不信任问题上，我们多半无能为力。最健康的做法是忘记那段历史，在他们对生活效能原则新的理解水平上，根据他们将来如何合作来互相评价。要做到这一点，团队成员必须接受这个事实，即，他们将根据各自不同的观点，从不同的角度看问题。他们还需要假定对方的意图是好的。毕竟，我们的假定决定了我们对别人言行的反应：

如果假定别人的举动是恶意的、针对个人的，我们会觉得自己完全有理由愤慨和寻求报复。

如果假定别人的举动是故意的，我们会觉得自己有理由愤怒并且通过言行表达出来。

如果假定别人的举动出于极大的疏忽或冷漠，我们会觉得有理由严厉评判它。

如果假定别人的行动是无意的，但他们该多长点儿心眼，我们会觉得有理由生气、恼火。

但是：

如果假定别人信息不够，没人知会他们，他们所做的也只是他们看起来觉得正确的决定，我们可以谅解、忍耐并且努力想出解决办法。

如果假定及承认别人的行为是在低落情绪状态下做出的，我们可以大度处之，避免将它看成是针对个人的，并且等待合适时机来解决随之而来的问题。

注意既往行动的基础不会变化，变化的是我们对它的态度。我们的假定可以产生情绪电梯全部楼层的情绪，从愤怒和敌意到理解和感激。选择权在我们手中。

重新开始要求我们有意识地对对方做出积极的假定。如果我们以正确的态度，在合适的时间重新开始，它就能使一个组织内的关系具有新的活力。

不管是在工作还是个人生活中，重新开始的概念在修复任何关系方面都可以发挥巨大的作用。覆水难收，但我们可以忘记过去，重新开始。有时候，那是重建一份受损关系的唯一方式。

将无意视作原谅的关键

你也许很难忘掉过去的伤害，尤其在你确实感觉自己很冤的情况下。即使伤害你的人道了歉，事情可能还会停留在你脑子里，影响你的情绪，尤其是在某桩提醒你的事情发生时。

在东海岸出差时，一天早上，我出门跑步。我要和一个顾客度过忙碌的一天，在此之前，我需要几分钟的宁静。我脑子里还有件让人烦恼的事情，一件别人做过而我似乎无法忘怀的事。跑步时，那份记忆折磨着我，让我很难体会到通常锻炼时所拥有的宁静和开朗。

我看到一个教堂开着门，向里张望，却没有人。安着漂亮彩色玻璃的教堂内一片宁静祥和。我决定走进去，看看不同的环境能不能帮我改变一下情绪。

坐在长椅上放松时，我抬起头，看到一座巨大的钉在十字架上的耶稣像，下方刻着这样一句话：饶恕他们，因为他们不知道自己在做什么。那天，这句话让我莫名地震撼。耶稣都能原谅那些杀害他的人，我凭什么对小小的冒犯和不满而耿耿于怀？

根据形势，那句话有多种不同的说法：

原谅他们，因为他们情绪低落，低质量思维驱使他们那样做。

原谅他们，因为他们看问题的角度和我不一样。

原谅他们，因为他们不知道那对我有多重要。

原谅他们，因为他们没意识到正在伤害我。

理解了思维在决定态度和行为中发挥的作用后，我们很容易看出周围人是没有恶意的。记住，每个人所做的事，按他们的想法都是有道理的。某人伤害到你，让你失望或恼火，原因很少是针对你个人的，他们故意伤害你的可能性不大。他们的所作所为只是他们想法的自然结果。在这个意义上，他们是无意的，原谅是一个恰当的反应。

但这并不意味着你无法看到别人的恶行，尤其是在它涉及不诚实、有害的行为模式或不道德的行为时。在第四章里，我说明了森·德莱尼公司如何因为安然公司既往的无情举动，尤其是在该公司领导告诉我们，他们看不出他们的政策有什么问题，实际上还想强化这些政策时，我们拒绝了与他们之间的合作。我们的决定依据不是觉得安然公司高管是"坏人"，我们要谴责他们，而是与这样的公司合作，我们感觉不舒服。这是那种任何人都需要做出的决定，它与对别人做的坏事生气或怨恨是两码事。

我也不是暗示你应该让别人捉弄你、利用你或欺负你；我的意思是只要有可能，哪怕仅仅是为自己着想，你也应该尝试看到别人的无意。当你能不带着推断的动机看别人的行为，你就不会将它们看成是针对个人的，从而保持了你的风度。你保持定力，避免强烈情绪反应，使自己处在有利的位置，以清晰的眼光、洞察力和智慧应对挑战和困难。这样做的长期结果就是更好的生活质量和更合意、更有益的人际关系。

反过来，如果你假定别人的动机和目的是恶意的，对过往的伤害耿耿于怀，受伤害的是你自己。对方甚至可能都不知道或不介意你感觉到的伤害和愤怒，但如果你长时间处于低落的情绪状态，恶化的是你的生活质量。

学会假定别人没有恶意是一个很有用的方法，这样不管在家里，在你的社区还是在工作中，你都可以在情绪电梯上层停留得更久。

B1↓

↑28

↑32

第十三章

培养信仰和乐观

B2↓

↑17

↑35

我知道，你遇上的最好的人是那些经历过痛苦或损失的人。我佩服他们的坚强，但最佩服的还是他们对生命的感激——一份常被普罗大众视作理所当然的礼物。

——萨莎·阿泽维多（Sasha Azevedo）

是否生活在情绪电梯上层多半取决于面临逆境时你如何应对。生命无常，不如意事十之八九。决定生活质量的是你如何理解那些不如意之事及你所选择的应对方式。

玛丽莲·汉密尔顿（Marilyn Hamilton）在走出逆境后变得更加坚强果断。在加利福尼亚弗雷斯诺（Fresno）长大的玛丽莲拥有一切：亲密的一家人和美貌。她曾是选美冠军，还是位出色的运动员，富有冒险精神，后来到澳大利亚去做教师。但是有一天，灾难突然降临。在家乡附近悬挂滑翔时，她没有将保险销正确地固定在安全带上，致使她撞上山腰，醒来后腰部以下全部截瘫。

"在康复中心时，我想站起来，但马上就像布偶一样倒向一边。我知道我的麻烦大了。"玛丽莲说。随后是数周的理疗。坐在轮椅上是她能够移动的唯一方式。"大家充满怜悯地看待我，似乎我是个病人，但我没病。我还是以前那个玛丽莲，只是以另一种方式活在世上。"

玛丽莲沮丧地发现，即使是当时最好的轮椅，按她的说法，也是"钢铁恐龙"。她决定为此做点什么。玛丽莲与一起悬挂滑翔的伙伴在弗雷斯诺的一间车库里开了个作坊，用滑翔伞上的空气动力学材料设计了一种全新的轮椅。这种轮椅轻快灵活，部件容易操作和调整，适合使用者的身体需要和特定的残疾者。他们把它漆成漂亮活泼的粉色、紫色等鲜艳的色彩。他们甚至还给玛丽莲的新轮椅装饰了人造钻石，起了个名字叫"Quickie"。他们所做的不只是给了玛丽莲一个能反映她性格的时髦有趣的轮椅，他们永远改变了残障人的世界。

今天，Quickie品牌的轮椅行销全世界，玛丽莲他们最初制造的一种轮椅还被展示在华盛顿的史密森学会（Smithsonian Institution）。玛丽莲后来赢得了无数轮椅运动奖牌，包括美国轮椅网球公开赛和滑雪赛。她上过包括

"60分钟"（60 Minutes）在内的电视节目，并曾在国会作证。她在2006年玛丽亚·施赖弗（Maria Shriver）的妇女大会（Women's Conference）上获得密涅瓦奖（Minerva Award），是世界知名的残疾人代言人。

　　玛丽莲评论说："影响你的不是生活中发生的某些事件，而是你对此如何反应。我的座右铭是，'如果你不能站起来，那就站出来'。"玛丽莲是本书主题的一个绝佳事例——生活就是你对它的理解。

寻求合适的结果

　　许多宗教传授祈祷的做法——祈求具体的结果：健康、减轻痛苦、解决问题。许多人发现这种祈祷成了一种精神生活的有益部分。但妈妈却教我祈求"合适的结果"。本质上来说，它祈求指出正确的道路，而我们有智慧去做出和说出正确的事，做出尽可能正确的决策。这种祈祷形式的内在逻辑是一种假定，即，我们有时并不知道什么才是对我们来说最好的。实际上，发生在我们身上的事是好是坏，这一点我们经常是不清楚的。时间告诉我们，许多看似不利于我们的事件实际上是披了伪装的好事。

　　有一个关于老农的东方故事，他的整个家庭完全靠辛勤劳作的儿子来养活。儿子跌断了腿，这对他来说似乎是一场大难。不久皇帝的卫兵来到村子，将身体健康的小伙子都抓到边关去打仗，许多人最终没能回来，而断了腿的老农儿子得以逃过此劫。突然之间，儿子的一时失足成了一件大好事。

我从个人经历中得到经验，看似灾难性的事件最后可能会成为好事。

我在前面说过，我的第一场婚姻的破裂是我所经历过的最痛苦的事。但它所引发的反省却给我带来了超出我想象的好生活。我被迫思考什么才是对我真正重要的，我活着的目的又是什么。我终于认识到，我一直没把三个幼子（他们当时分别为七岁、五岁和三岁）太当回事，与他们在一起的时间更多是出于责任而非真心。因为这个新的更清楚的想法，我的注意力转移到与他们建立起亲密无间的关系上来。

这整个过程将我从不分轻重缓急、无意识的习惯和不健康常态的世界里惊醒。我开始了解自己并去寻找更深刻的生活目标。如果没有痛苦的离婚那一记当头棒喝，这些都将不会发生。

这段经历同样让我怀疑自己的信念和行为，让我看到自己作为一个不断进步的人的更多可能性。它导致我改变了职业道路，最终创立了森·德莱尼公司。作为一家文化塑造公司，它体现了我真正的生活目的。

　　面临不利事件或形势时，许多人的反应是问："为什么发生在我身上？"这条质疑道路通向标着责备、评判甚至抑郁的低落情绪状态。相反，当令你痛苦的事情发生时，你要试着问："为什么那样的事为我而发生？"沿着这条少有人走的路，你的地位就不再是被动的受害者，而成了寻找自己适当结果的行动者。它催生了好奇、才智和乐观，将你带到更高的情绪电梯楼层。

信仰的力量

不管你现在面临的问题有多严重，它们最终全都会得到解决，想象一下，当你明白这一点时是什么样子。想象你知道，即使一个密友或亲人做了伤害你的事，你们的爱最终还是会占上风，你们还是会亲密起来。想象经历似乎万劫不复的一天，但确信这也会过去。

这里描述的就是信仰。信仰给你希望和智慧，它让你不至于小题大做：浪费时间和精力想象所有可能发生的可怕事件。相反，它让你全神贯注于开发创造性的解决方案，来解决面临的各种问题。

我女儿在南加州大学（University of Southern California）商学院学习时，她问我为什么要她学习一个颇为复杂的数学课程，她实在看不出她的职业生涯中会用到它。我和她分享了我关于大学的一个理论：确实，大学是教育人的，但除此之外，它还向你表明，那些看起来很难甚至不可能解决的问题是可以解决的。不断重复这样的经历能够帮助我们培养出那样的信仰，即我们能够解决一个似乎无法解决的问题。不管是在大学里，还是在生活本身的逆境学校里，这都是一个必须学习的重要课程。

信仰可以有各种各样的形式：

相信你自己的技能和能力。
相信你会设法度过这艰难黑暗的一天。
相信不管未来有什么挑战，你都能应付。
相信你的正常状态是健康，丢掉后它还会回来。
相信上帝或某个更高的存在或比你我强大的力量。

某种程度上，在这些形式的信仰中，你本能上觉得哪个最有吸引力并不重要，重要的是，你相信某个让你对未来充满希望和信心的事物。这里说到的信仰不是消极的，不是让你干等着做白日梦。实际上，它是完全相反的：它是一个释放出你体内全部精力、创造力和智慧的积极过程。信仰将我们从压力和绝望带来的麻痹中解放出来。活在信仰中，我们就能看到更多选择，发现更多方法来解决生活带给我们的各种问题。

信仰在我完成大学学业的过程中发挥了重要的作用。20世纪50年代后期，苏联发射了第一颗人造地球卫星斯普特尼克1号（Sputnik 1），引发了一场对科学和工程人才的国际竞争。我就是在那时申请进入了工学院。申请进入加州大学洛杉矶分校（University of California, Los Angeles, UCLA）这类大学读工程的人数不胜数。他们设立了极高的入学标准，即便如此，他们还是要刷掉三分之二没有毅力读下去的一年级新生。我在我就读的那所中学里还是尖子生，但在洛杉矶分校那些非常聪明的同班同学当中，我感觉自己属于最笨的那一类。

我还记得每天中午开始的微积分课程，罗伊斯音乐厅（Royce Hall）的钟声总是不祥地在远处回响。一天，钟声刚停，固执的老教授叫我到黑板上解一道复杂的题目："森，家庭作业第三题。"在我努力解题时，他就站在我旁边，一边擦我的计算过程，一边厌恶、怜悯地摇着头。过了一会儿后，他让我停下来，建议我考虑换专业或是留级。

那个周末，我回到家，告诉妈妈，说我感觉读不下去了。所幸妈妈没任由我被绝望打垮，相反，她非常坚定，非常支持我，和我促膝谈心。她说我拥有学习和生活中所需要的全部天生才能。我生来就是健全的、能干的，我只要相信这一点就够了。妈妈最后给我解读了耶稣的许诺：有了芥菜籽那么大的信仰，你就能移山倒海。

我后来明白了，耶稣说的是黑芥末植物，一种一年生植物，能从一个非常矮小的种子长到 9 英尺（约 2.7 米）高。如果那么高大的东西都能从如此卑微的起源开始生长，那么我也能从到目前为止经历的蹒跚起步开始，成功地走完大学生涯。

妈妈还告诉我，唯一能阻止我的只有我自己的想法。她给我一本小书，詹姆斯·艾伦的《做你想做的人》（*As a Man Thinketh*）。这本书初版于 1902 年，开头写道：

思维是一切行为的主宰。人类是思维的动物，始终利用思维这一工具，不断调整自己的意愿使之成为现实，并带给人类无数的快乐与疾苦。人类总是悄无声息地思考，并将思维通过行为转化为现实，而周围的环境只不过是思维的镜子。
［译文摘自：《做你想做的人》，陈玉洁译，新世界出版社。］

艾伦那本小书伴我多年。下面是我从中摘得的其他几个有用的概念：

每个行动和感觉之前都有一个想法。
正确的思维始于我们对自己说的话。
形势不造就人；它让人看到自己。

我想你可以看出这本书反映出的詹姆斯·艾伦的思想对我自己的生活方式的长期影响。

我最终完成了工学院的学习，只不过后来我认识到我的热情并不在工程，而是在商业方面与人打交道。我继续读完MBA，喜欢解决商业案例研究问题，发现自己想做咨询行业。

信仰的真正意义

在我鼓励你活得充满信仰、希望和乐观的时候，让我们澄清我倡导的是什么。它无关"积极思维的力量"。我们都乘坐情绪电梯从顶到底，我们不可能永远都怀有积极的想法。我们能做的是关注我们的感觉，将它作为我们思维质量的指示。在这样做时，我们就不至于将我们的消极想法看得那么严重。结果，它们会减少对我们的影响，我们也会活得更好。

我可不是让你盲目乐观。有一句富有哲理的话似乎是这样说的：相信命运，同时拴好你的骆驼。换句话说，拥有信仰和希望，同时也要面对现实，未雨绸缪，做好准备，积极主动地承担责任。

我也不是叫你得意忘形。处在情绪电梯低层时，最好不要做出决定。同理，在你的大脑过分活跃、情绪高涨时，切记也不要做出决定。那样的举动导致许多人一时冲动，步入不成功的拉斯维加斯（Las Vegas）婚礼，还有许多人在享受一场轻松的假期时购买了毫无价值的分时段度假房和独立产权公寓。

听起来也许很奇怪，但奔放的热情对我们清晰思维的影响类似于焦虑或愤怒。它们都是一些很强烈的感觉，看上去似乎无法抑止，还伴有内心响亮的声音，为你想采取的行动而辩护。不要混淆得意和兴高采烈这类情绪与感激、理智和创造性这类较高的情绪状态。信念、希望和乐观唤起的是更加宁静的感觉——冷静大脑的产物。

很少有事物能像信念和希望那样提升我们的生活体验。在生活中，我们都会面临艰难的形势和棘手的人物。最健康、压力最小的方式是满怀信念和希望地去应对。因此，一旦内心有了信念，就算在最困难的时候，也要珍惜它、培育它，它将成为你有力的依靠。

B1↓

↑28

↑32

第十四章

应对情绪低谷

B2↓

↑17

↑35

幸福不是万事如意，而是对付不如意的能力。

——史蒂夫·马拉波里（Steve Maraboli）

本书主要目标是提供忠告和建议，帮助你在情绪电梯上层度过更多时间。但我们有时也会停留在下层，因为低落情绪是生活中一个自然的、正常的部分。那就是为什么本书的第二个目标是帮助你在情绪低落时减少对自己和他人的伤害。

作为智慧生命，思想和情绪的力量这一天赋推动了我们的智力发展。它使我们可以想象未来，计划尚未到来的事，思考各种可能性，分析和解读我们自身和我们身边发生的一切。凭着思考，我们战胜了脊髓灰质炎，谱出不朽的古典音乐，登上了月球。

同样经由思考的想象力也会引起我们不必要的过度担心，让我们因为真实或想象的困难而消沉，让我们揣测他人的动机，疑神疑鬼，让我们自以为是、横眉冷对，甚至时不时勃然大怒。不管你对本书中原则的理解有多深刻，你的想法有时依然会将你带到情绪电梯低层。这就是为什么学会处理好低落情绪是一种必要的技能。

记住在低落情绪状态下，你的思维靠不住

　　你有没有在情绪冲动时对朋友或亲人说过令你后悔莫及的话？你有没有在点过"发送"按钮之后，发现发出一封你后来意识到铸成大错的邮件？如果这些事情在你身上发生过，回想一下当时的形势。当它发生时，你在情绪电梯图的什么位置？你很有可能在下半部的某个地方。

　　这些例子都表明了有效应对低落时期最重要的原则：记住在低落情绪状态时，你的思维靠不住，因此别相信它，不要当场据此而行动。相反，在依靠你的思维作为行动指南前，就应该质疑它，挑战它。

　　有些邮件会按下按钮，将我送到烦恼、焦虑或愤怒状态。当我收到这样一封邮件时，我可以打出一封回信，但接着我会点"保存到草稿"而不是"发送"按钮。我会等上几个小

时甚至一天。等再次读到我的回复时，我通常已经在情绪电梯的另一个楼层上，并且可以看到它所包含的错误思维。有时我会删除原来的回复，重新再写，有时我会重新编辑邮件，删掉那些恼人和评判的内容，最后才点"发送"。

至于我们可能在低落情绪状态时对亲人说的事情，那些比电子邮件稍难控制。在这种情况下，技术没法拯救我们。因此，你需要学会在交流风格上非常慎重，避免在面临压力和低质量思维期间说出或做出伤感情的事。

我和贝尔纳黛特在20世纪70年代结合，那正是人类潜力飞速发展的时代。当时传统的人际关系智慧总结在这样一些说法里，如有一说一、不拘小节和不把任何话留到明天。结果，我们有时会徒劳地争论上一整夜，而争论的那些问题现在想起来，根本不值得花那么多时间和精力。

随着我们开始更好地理解大脑的工作方式，贝尔纳黛特提出了一项新的基本原则：只要我们中有一个人在情绪电梯下层中的任意一层，就不要提起任何重大的关系问题。这条原则的影响力相当明显。它是我们今天拥有如此宁静、亲密和尊重关系的原因之一。只有在我们两人都处于更高的情绪状态时，我们才会坦诚直率地处理和应付重大问题。

如果你想知道我们如何遵循和执行这条基本原则，我可以给你看看我们之间可能会进行的一段典型交谈：

拉里：你似乎有什么烦心事。想不想和我谈谈？

贝尔纳黛特：不，现在不。我脑子有点乱。要是需要谈，我过后会告诉你的。

贝尔纳黛特也许会等上几个小时甚至一天，等回到情绪电梯上层时再看看她对那个问题是什么感觉。也许在她想通后，会发现那个问题根本不值一提，或者她也许会觉得需要和我谈谈。后一种情况下，我们会非常轻松地以一种几乎"随口提起"的方式谈论那个问题。

我得承认，因为所有激动人心的事情都已经远离了我们的婚姻，我感到有点惊慌。现在，我看到这一做法促使了我们今天特别亲密、互相支持的关系，没有了许多夫妇三天两头的争论和口角。

低落情绪状态：小心驾驶！

我前面提到过，我们十几岁的儿子洛根居然最好地理解了这个概念。他有个优势，因为他天生冷静，但和所有人一样，他被家庭作业压垮或者度过不顺利的一天时也会情绪失控。情绪不好时，他会告诉我们："别来管我。现在别和我说话，因为我一点儿也不想听，而且我说不定会口不择言。让我回我的房间，直到恢复真正的自己。那时我再出来。"许多成人也可以从类似的对付情绪的措施中得益。

森·德莱尼公司的一个咨询师对处理好低落情绪有一个很好的类比。假设在一个非常黑暗、寒冷、大雪纷飞的夜晚，路上结了冰，你必须开车去某个地方。你会开车去，但会开得非常小心。你会开得很慢，拐弯时很小心，在你和其他车或路上的物体间留出足够安全的距离。

陷入低落情绪时，你应该在你和别人的交流中采取同样谨慎的做法。记住你的本能并不可靠。这不是告诉别人你对他们的真实想法，或者做出生活中的一项重大决定，或者处理一个重大问题的好时机。等到你的健康常态在情绪电梯上层重新出现，这时你会发现自己可以更轻松愉快、更快速地处理问题。

使用情绪电梯作为你的指南，在情绪低落时不要按你的低水平思维和冲动行事，这是减少给自己和他人带来伤害的关键原则之一。

B1↓

↑28

↑32

第十五章

人际关系与情绪电梯

B2↓

↑17

↑35

那些最好地利用事件结果的人将得到最好的结果。

——佚名

你已经看到了，本书描述的许多概念——从温和偏好到各自的不同现实再到看到别人的无意——可以用来培养更融洽的工作关系和更亲密的家庭关系。而在培养人际关系方面，情绪电梯可以提供莫大的帮助。因为我们与他人和世界的关系取决于我们对情绪起伏的管理能力。

情绪低落时，我们感觉孤独、失落。我们通常不会主动与人联系或支持别人，更容易为他人所恼。我们更容易对别人怀着评判态度，总觉得别人的言行别有用心。如果你正努力培养互相支持和合作的人际关系，烦恼、焦虑、评判和愤怒不是你应该停留的地方。

但如果是在更高的情绪状态，事情就完全是另一种样子了，因为健康的心态和健康的人际关系是紧密相连的。

东方哲学中有一个保持德业的概念。我对此的简单理解是：努力多交友，少树敌，生活就会变得更美好。

在商业世界中，我们经常会谈到合作和团队工作的重要性。但实际上，太多组织都有"我们对他们"的心态、信任问题、不同部门间缺乏合作、公司总部和现场组织间关系紧张等社会功能失常问题。

当然，人际关系问题也存在于家庭之中。虽然有很多关系亲密、互相支持的夫妻和家庭，关系失衡的亦不在少数：兄弟姐妹间因微小冒犯而反目成仇，多年不相往来；姻亲视同路人；夫妻口角不断。

我们很容易看到人际关系是如何与情绪电梯联系在一起的。一个人长期徘徊在情绪低层，萎靡不振、自以为是、冷嘲热讽、心烦意乱或火气冲天，谁还想与他相处？

另一方面，有些人更多时间停留在情绪电梯上层，满怀希望、感激、乐观和谅解，和这样的人相处，岂不令人精神振奋？难道你不想与一个有幽默感的人在一起，而要去和一个成天怒气冲冲的人相处？

在情绪电梯上层，人们乐于并且有能力献身于一个更高的目标，如家庭、社区或国家；在低落的情绪状态，我们"只想到自己"。我们很容易看到对更大目标的关注是如何在工作和家庭中建立健康、长久的关系的。

当我们关心他人，对他人感兴趣，愿意合作双赢时，我们就会培养出良好的人际关系。但如果"只想到自己"，通过"零和"镜头看世界，我们就无法与人相处。

幸运因素

人际关系技能是成功人生和充实生活的基础。几年前，我读到理查德·怀斯曼的一本小书，名为《幸运因素：四条基本原则》（*The Luck Factor: The Four Essential Principles*）。图书描述了一系列关于幸运概念的理论。我最有共鸣的那条理论是："幸运"者有一个非常广泛、非常强大的互相支持的人际关系网络。

我能回忆起的例子是一个女人，她得到了一份从没指望会得到的好工作。研究人员追踪那份工作提议，发现这个女人建立了一个由非常支持她的人组成的关系网，这个关系网在她寻求那份工作的时候频频"现身"。因为这个关系网，她的证明材料闪闪发光，她的推荐信无懈可击，并且在她不知道的情况下，她认识的一些在那个组织里有熟人的人都自愿给她帮忙。

因此，"幸运"不是毫无来由地随便落到某些人的头上的，它是良好人际关系的自然产物。把情绪电梯管理得好的人拥有的关系和支持系统远远多过那些管理得差的人。这就是为什么他们似乎过得更好，为什么他们似乎比别人"更幸运"。

要培养良好的人际关系，让你的感觉成为你的指南：寻找和培养对别人的理解、同情、爱和热情的感觉。对于与我们最亲近的人，这样做通常是最困难的，因为他们是最容易推动我们情绪电梯按钮的人。

这就需要你有意识地去认定亲人的好意（非以自我为中心的动机），看到他们错误中的无意识性，并且愿意在他们伤害我们或者让我们失望时原谅他们。接受别人尤其是亲人的本性，并且尊重他们对待各自不同现实的权利，这是良好亲密关系的关键。

大部分人一生中的大部分时间都在与父母子女等亲人和同事打交道。理解如何在关系情绪电梯上层停留得更久，这一点极大增进了我们和身边人的生活质量。

B1↓

↑28

↑32

第十六章

乘坐情绪电梯的
指示器

B2↓

↑17

↑35

幸福取决于思维质量。

——马可·奥勒留（Marcus Aurelius）

要想生活在情绪电梯上层，活出精彩，基于几个基本前提。

生命无常，不如意事常有，但我们可以通过思考选择自己的生活道路。活在情绪电梯上层的第一个前提是，理解思维创造了生活体验，而且我们有能力自主决定它的方向。

第二个前提是，我们生来具有一种可称为内在健康状态的特质。它包含的一套系统给了我们通过思维和感觉体验生活的能力。它也代表了一系列内在的、天生的、天赐的特征，诸如我们生来就有爱心、好奇而且明智。我们的内在健康状态代表了情绪电梯所有的上层楼层。

渐渐长大后，我们都养成了自己的思维习惯，也养成了使我们远离自然状态的不健康常态思维。这是无法避免的，因为思维触发感觉，而思维时刻都在变化中，它还受到许多其他因素的影响。

我在这本书里分享知识的目的是帮助你与你的内在健康状态联系起来——最佳状态已经存在于你的内心。从某种意义上来说，除了利用那个内在健康状态外，你什么都不必学。但要达到内在健康，你需要理解思维及其带来的感觉的作用。就像只有你自己可以从幼儿蹒跚学步一样，只有你才能学会以自己独特的方式乘坐情绪电梯。

本书里的指示器将帮助你做到那一点：

知道你内心有内在健康状态和达到最佳状态的能力。这是一个令人鼓舞的想法，在你感到怀疑和焦虑的时候，你可以依靠它。

知道作为一个人意味着你会坐上情绪电梯，到达它的各个楼层。

以你的感觉为指南，让它告诉你什么时候到了情绪电梯低层。带一张情绪电梯小卡片作为日常提醒。

学会识别任何不健康常态思维或该思维模式带来的感觉，把它们当成警钟。

用模式中断来改变你的思维和感觉。

培养你喜欢的思维，拒绝那些让你掉进情绪电梯低层的思维。

生活在温和偏好的世界里，拒绝"必须"和"任性"的世界。

照顾好自己，记住用锻炼、睡眠和休假来进行恢复。

用呼吸和自我意识练习来把握当时的境遇，冷静你的大脑。

保持感激的想法；每天想想幸运的事，对生活本身充满感激。

我们都生活在各自不同的现实中，认识和尊重每个人所处的现实。理解别人的观点要快，责备和评判则要慢。

记住你的思维在低落情绪状态下是靠不住的，因此请推迟重要的谈话和决定。不要根据不可靠的思维行事，不要将你的低落情绪发泄到别人身上。

处于情绪电梯下层时，坚信它会像坏天气一样过去。太阳永远在那里，乌云可以遮住它，但乌云终归会成为过去，你的低落情绪也会过去。

我童年时收到的最好礼物是妈妈传递给我的信息，那就是，我的自然状态是爱、理智和能力，我生来就是健全的。如果我在任何时刻怀疑那一点，那也只是我的想法错了。我的目标就是"把它传递下去"。

去吧，去找到那把钥匙，并且为你的生活创造更多的爱、快乐、宁静、激情、满足和成功。我希望，本书中的概念能让你走上那条道路。

↑28

B1↓

↑32

后记

B2↓

↑17

↑35

本节献给所有对这个故事感兴趣的人。

本书里的许多概念是我从生活这所学校里学到的，即，我是通过反思自己的个人经历，通过森·德莱尼公司所做的工作学来的。我们公司的目标是帮助世界各地的客户打造繁荣的企业文化。还有些概念是我从一些富有创新精神的健康领域专家那里学来的，是他们首先发现并且解释了这些原则，我自己又加上了我的个人解读。

近20年前，友人保罗·纳凯（Paul Nakai）请我和妻子听一位叫西德尼·班克斯（你也许记得我在第四章中提到过他）先生的演讲。我把西德尼看成本书中概念背后的核心原则的始创者。他是个纯粹的商人，某一天突然顿悟，脑子里闪过一个念头——他的全部生活体验都是思维的结果。我们体验生活主要通过感觉或意识，但人类拥有通过思维来体验的能力，这一观点打动了他。

西德尼有一种简单但非常感人的传递这些深刻观点的方式，他开始吸引一批追随者。我和妻子聆听了他在加州大学伯克利分校（University of California, Berkeley）校园举办的一个报告。报告只有两部分，每部分两小时，中间有大段休息时间。在此期间，西德尼坐在一把椅子上谈论三个原则：大脑、意识和思维。虽然我们不能完全理解他的观点（实际上，我们只能理解很少一点），但听完演讲离开时，我们对生活的看法已经有了一些改变。而且，我们有了相当不同于之前的感觉。这之后的许多个星期，我们的生活体验有了改善：我们变得更有耐心、更宽容、更平静、更亲密。生活看上去似乎更美好了。

深刻理解这些原则的人感受到与家人和亲人之间更良好的关系、更强的创造力、更平静的大脑、新的见识、更高的工作效率和对生活的更多感激，这个事实吸引了我们。

贝尔纳黛特当时是森·德莱尼公司的人力资源经理，同时还负责培训和开发。她的结论是，西德尼信息里的有些概念也许会对我们与顾客的合作有所帮助。森·德莱尼公司的目标一直是打造健康、表现优异的团队和组织文化。这项工作的一个重要内容就是我们主持的研讨会，我们通过研讨会将顾客与一套基本价值和生活效率原则联系起来。贝尔纳黛特认为，这也许是另一种将人们与他们最好的自己联系起来的途径。

差不多在同一时间，有人向我们介绍了另一位保健专家乔治·S.普兰斯基博士。乔治也对西德尼·班克斯的信息感兴趣，决定放弃他在旧金山湾区（San Francisco Bay Area）的心理医生的传统业务，来到西雅图以北的一个小镇，开始精神健康咨询业务，帮助他人理解西德尼的观点。

如果我和贝尔纳黛特还想教授那些原则，我们得先让自己学会如何使用它们。因此我们决定和乔治一起待上一周，看看能从他那里学到些什么。有趣的是，他发展出了一项身心健康业务而不是精神疾病业务。大部分精神疗法是"治疗人"的，而乔治这个业务的目标——以及我们的目标——则是教授按照世俗标准来说已经成功的人士，帮助他们活得更有效率、更充实。

我开始思考什么可能让我更有效率。什么会提高我的生活体验？那时候，我们的情况相当不错，森·德莱尼公司生意兴隆，几个孩子也都很有出息。我与贝尔纳黛特的关系虽不算完美，但也很好，而且每年都有所改善。

细想之下，影响我的效率和生活质量的事情确实存在。

我意识到的一点就是，在生活中我绷得太紧了。我把工作和大部分事情都看得太重。我的大脑没有片刻空闲，并且我生活在情绪电梯急躁和紧张的楼层上。

有时候，当我有一次超过一周的假期，让大脑有空冷静下来，我会瞥到一种截然不同的生活。在那里，我会更加欣赏到自然和人，有更多时间活在当下，成为一个更好的倾听者，体验到更加深刻的宁静。但那些时刻非常短暂，非常难得。结果，我并不总是最好的倾听者，在前行的匆忙中，我经常会打断别人的话。毫无疑问，那是我一个应该改进的方面。

我意识到生活中能够改变的另一个方面让人更加难以抗拒，我现在明白了，那是我的担忧习惯。虽然我的生活一帆风顺，我还是习惯于经常在脑子里充满着担忧的想法。

担忧是个极好的话题，因为它是我们如何活在想法中的理想例子。当我们担忧什么事并且开始杜撰我们的脚本时，那就像事情真的发生了一样。即使事情没有发生，我们依然经历了它所带来的所有生理、心理和情绪后果。

实际上，我们担心的大部分事情永远不会发生，而那些真正发生的事情很少像我们头脑中想象的那么严重。那一点促使我思考，如果我不去担心那些最后永远不会发生的事情，仅仅做到这一点，我的生活质量该有多大改观。我劝您也考虑一下相同的想法。

我与乔治·普兰斯基在一起的时间没有虚度。它向我表明，我的担忧和紧张习惯已经根深蒂固，成了一个盲点。因为我没注意到它们，因此无法对症下药。作为我新发现的知识的一个结果，我开始珍视宁静的思想和平静的感觉。过度紧张和担心的感觉成了警钟，不健康的思维习惯大大减少。

随着我对思维作用的理解越来越深刻，以及将从乔治那里学到的原则应用到生活中，现在，我可以很高兴地告诉你，我有了更平静的生活，紧张和担忧的情绪少得多了。我已经能敏锐地意识到与担忧相伴的感觉，因此，当我走进情绪电梯那些楼层时，我可以认出它们。有时候，将我拉出担忧泥潭的只是一声简单轻微的自责，如，你又来了。这提醒我要为可能的结果承担责任，但不要编造一出关于它的肥皂剧。

因为早期与乔治的合作以及我在那之后学到的知识，我与妻子之间的关系融洽到超出我的想象。它永远新鲜、亲密、互相支持、体谅，没有压力，富有激情，然而却出人意料的平静。

另一方面，这些概念对我们五个孩子的影响也许是我收到过的最好的礼物。那份礼物——以及帮助别人活出精彩的意愿——激发我设计出情绪电梯这个工具，并且发现了有意识地乘坐它的秘密。

这份积极的个人经历让我开始更好地理解如何在自己的生活中使用这些原则，并且将它们融入森·德莱尼公司与世界各地商业领导的合作中。我们经历数年时间的失败和尝试，教会了企业高管和主要研讨小组找到更加容易的方式来帮助人们理解情绪电梯，并了解如何更好地乘坐它。我们又花了几年时间探索支配我们情绪的科研成果，最终写出了这本书。

现在，情绪电梯已经成为我们企业研讨小组的一项基本学习内容，是我们的培训不可分割的一部分。个人的改变是组织文化塑造的一个重要方面，我们组织那些培训就是为了推动个人的改变。

在与各组织合作进行这项工作的过程中，我已经注意到，情绪电梯概念已经为美国逾百家财富 500 强组织和世界各地数十家全球 1000 强企业的雇员——从 CEO 到重要合伙人——所接受。我们还使得许多大型机构，如大学、医院和城市与州政府等广泛接受了这个概念。几乎各个民族、各种语言和各个层次的人都轻易地接受了情绪电梯概念，并且能将它作为提升他们自己生活的行为指南。

我们设计了简单易行的方式，将人们与这些原则联系起来，并且交给他们自如乘坐情绪电梯的实用指示器。我们还积累了大量关于那些可以并且确实影响了我们情绪的事物的知识。使用这些指示器的人表示，他们有更多时间生活在最佳状态，获得了更多成功，感受到了更少压力。一些人已经通过我们的研讨会对这个概念有所了解，本书的目的是进一步加深他们的理解，同时将情绪电梯概念介绍给更加广泛的读者。